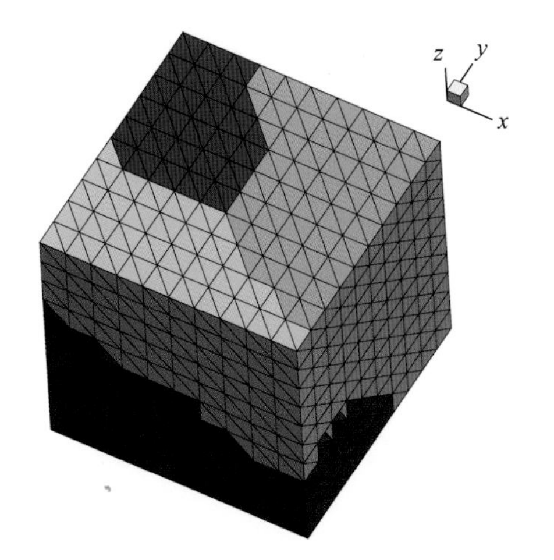

图 5.11　网格分块示意图

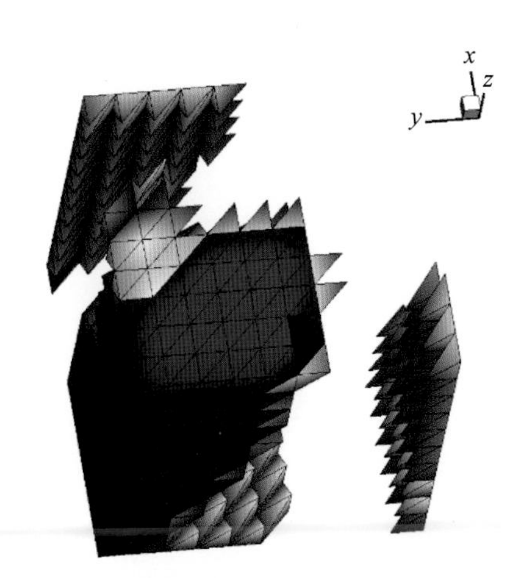

图 5.12　周期网格的虚拟网格设置示意图

蓝色为内点网格,灰色为虚拟网格

清华大学优秀博士学位论文丛书

非结构网格紧致高精度有限体积方法

王乾（Wang Qian）著

Compact High-Order Finite Volume Method on Unstructured Grids

清华大学出版社
北 京

内 容 简 介

本书根据"紧致模板上的隐式高精度重构"的思路，发展了具有非奇异性和全场一致高阶精度的"变分重构"，解决了传统非结构网格高精度有限体积方法"重构模板巨大"的瓶颈问题。设计了"隐式重构和时间推进耦合迭代"求解方案，以保证基于隐式重构的有限体积方法的计算效率。发展了与紧致高精度重构相匹配的实用求解技术，建立了完整的非结构网格紧致高精度有限体积方法求解框架。最终的数值结果证明了该方法的有效性和相对于传统方法的优势。

本书可供流体力学及相关专业的科研人员阅读参考。

图书在版编目（CIP）数据

非结构网格紧致高精度有限体积方法/王乾著. —北京：清华大学出版社，2020.2（2020.11 重印）
（清华大学优秀博士学位论文丛书）
ISBN 978-7-302-53835-6

Ⅰ. ①非… Ⅱ. ①王… Ⅲ. ①网格计算－计算方法 Ⅳ. ①TP393.028

中国版本图书馆 CIP 数据核字(2019)第 209033 号

责任编辑：黎 强 戚 亚
封面设计：傅瑞学
责任校对：王淑云
责任印制：丛怀宇

出版发行：清华大学出版社
网　址：http://www.tup.com.cn，http://www.wqbook.com
地　址：北京清华大学学研大厦 A 座　**邮编**：100084
社 总 机：010-62770175　**邮购**：010-62786544
投稿与读者服务：010-62776969，c-service@tup.tsinghua.edu.cn
质量反馈：010-62772015，zhiliang@tup.tsinghua.edu.cn
印 装 者：三河市铭诚印务有限公司
经　销：全国新华书店
开　本：155mm×235mm　**印张**：11.5　**插页**：1　**字数**：194 千字
版　次：2020 年 2 月第 1 版　**印次**：2020 年 11 月第2 次印刷
定　价：89.00 元

产品编号：080941-01

一流博士生教育
体现一流大学人才培养的高度（代丛书序）[①]

人才培养是大学的根本任务。只有培养出一流人才的高校，才能够成为世界一流大学。本科教育是培养一流人才最重要的基础，是一流大学的底色，体现了学校的传统和特色。博士生教育是学历教育的最高层次，体现出一所大学人才培养的高度，代表着一个国家的人才培养水平。清华大学正在全面推进综合改革，深化教育教学改革，探索建立完善的博士生选拔培养机制，不断提升博士生培养质量。

学术精神的培养是博士生教育的根本

学术精神是大学精神的重要组成部分，是学者与学术群体在学术活动中坚守的价值准则。大学对学术精神的追求，反映了一所大学对学术的重视、对真理的热爱和对功利性目标的摒弃。博士生教育要培养有志于追求学术的人，其根本在于学术精神的培养。

无论古今中外，博士这一称号都和学问、学术紧密联系在一起，和知识探索密切相关。我国的博士一词起源于2000多年前的战国时期，是一种学官名。博士任职者负责保管文献档案、编撰著述，须知识渊博并负有传授学问的职责。东汉学者应劭在《汉官仪》中写道："博者，通博古今；士者，辩于然否。"后来，人们逐渐把精通某种职业的专门人才称为博士。博士作为一种学位，最早产生于12世纪，最初它是加入教师行会的一种资格证书。19世纪初，德国柏林大学成立，其哲学院取代了以往神学院在大学中的地位，在大学发展的历史上首次产生了由哲学院授予的哲学博士学位，并赋予了哲学博士深层次的教育内涵，即推崇学术自由、创造新知识。哲学博士的设立标志着现代博士生教育的开端，博士则被定义为独立从事学术研究、具备创造新知识能力的人，是学术精神的传承者和光大者。

---

① 本文首发于《光明日报》，2017年12月5日。

博士生学习期间是培养学术精神最重要的阶段。博士生需要接受严谨的学术训练,开展深入的学术研究,并通过发表学术论文、参与学术活动及博士论文答辩等环节,证明自身的学术能力。更重要的是,博士生要培养学术志趣,把对学术的热爱融入生命之中,把捍卫真理作为毕生的追求。博士生更要学会如何面对干扰和诱惑,远离功利,保持安静、从容的心态。学术精神,特别是其中所蕴含的科学理性精神、学术奉献精神,不仅对博士生未来的学术事业至关重要,对博士生一生的发展都大有裨益。

独创性和批判性思维是博士生最重要的素质

博士生需要具备很多素质,包括逻辑推理、言语表达、沟通协作等,但是最重要的素质是独创性和批判性思维。

学术重视传承,但更看重突破和创新。博士生作为学术事业的后备力量,要立志于追求独创性。独创意味着独立和创造,没有独立精神,往往很难产生创造性的成果。1929 年 6 月 3 日,在清华大学国学院导师王国维逝世二周年之际,国学院师生为纪念这位杰出的学者,募款修造“海宁王静安先生纪念碑”,同为国学院导师的陈寅恪先生撰写了碑铭,其中写道:“先生之著述,或有时而不章;先生之学说,或有时而可商;惟此独立之精神,自由之思想,历千万祀,与天壤而同久,共三光而永光。”这是对于一位学者的极高评价。中国著名的史学家、文学家司马迁所讲的“究天人之际,通古今之变,成一家之言”也是强调要在古今贯通中形成自己独立的见解,并努力达到新的高度。博士生应该以“独立之精神、自由之思想”来要求自己,不断创造新的学术成果。

诺贝尔物理学奖获得者杨振宁先生曾在 20 世纪 80 年代初对到访纽约州立大学石溪分校的 90 多名中国学生、学者提出:“独创性是科学工作者最重要的素质。”杨先生主张做研究的人一定要有独创的精神、独到的见解和独立研究的能力。在科技如此发达的今天,学术上的独创性变得越来越难,也愈加珍贵和重要。博士生要树立敢为天下先的志向,在独创性上下功夫,勇于挑战最前沿的科学问题。

批判性思维是一种遵循逻辑规则、不断质疑和反省的思维方式,具有批判性思维的人勇于挑战自己,敢于挑战权威。批判性思维的缺乏往往被认为是中国学生特有的弱项,也是我们在博士生培养方面存在的一个普遍问题。2001 年,美国卡内基基金会开展了一项“卡内基博士生教育创新计划”,针对博士生教育进行调研,并发布了研究报告。该报告指出:在美国和欧洲,培养学生保持批判而质疑的眼光看待自己、同行和导师的观点同样非常不容易,批判性思维的培养必须成为博士生培养项目的组成部分。

对于博士生而言,批判性思维的养成要从如何面对权威开始。为了鼓励学生质疑学术权威、挑战现有学术范式,培养学生的挑战精神和创新能力,清华大学在2013年发起"巅峰对话",由学生自主邀请各学科领域具有国际影响力的学术大师与清华学生同台对话。该活动迄今已经举办了21期,先后邀请17位诺贝尔奖、3位图灵奖、1位菲尔兹奖获得者参与对话。诺贝尔化学奖得主巴里·夏普莱斯(Barry Sharpless)在2013年11月来清华参加"巅峰对话"时,对于清华学生的质疑精神印象深刻。他在接受媒体采访时谈道:"清华的学生无所畏惧,请原谅我的措辞,但他们真的很有胆量。"这是我听到的对清华学生的最高评价,博士生就应该具备这样的勇气和能力。培养批判性思维更难的一层是要有勇气不断否定自己,有一种不断超越自己的精神。爱因斯坦说:"在真理的认识方面,任何以权威自居的人,必将在上帝的嬉笑中垮台。"这句名言应该成为每一位从事学术研究的博士生的箴言。

提高博士生培养质量有赖于构建全方位的博士生教育体系

一流的博士生教育要有一流的教育理念,需要构建全方位的教育体系,把教育理念落实到博士生培养的各个环节中。

在博士生选拔方面,不能简单按考分录取,而是要侧重评价学术志趣和创新潜力。知识结构固然重要,但学术志趣和创新潜力更关键,考分不能完全反映学生的学术潜质。清华大学在经过多年试点探索的基础上,于2016年开始全面实行博士生招生"申请-审核"制,从原来的按照考试分数招收博士生,转变为按科研创新能力、专业学术潜质招收,并给予院系、学科、导师更大的自主权。《清华大学"申请-审核"制实施办法》明晰了导师和院系在考核、遴选和推荐上的权力和职责,同时确定了规范的流程及监管要求。

在博士生指导教师资格确认方面,不能论资排辈,要更看重教师的学术活力及研究工作的前沿性。博士生教育质量的提升关键在于教师,要让更多、更优秀的教师参与到博士生教育中来。清华大学从2009年开始探索将博士生导师评定权下放到各学位评定分委员会,允许评聘一部分优秀副教授担任博士生导师。近年来,学校在推进教师人事制度改革过程中,明确教研系列助理教授可以独立指导博士生,让富有创造活力的青年教师指导优秀的青年学生,师生相互促进、共同成长。

在促进博士生交流方面，要努力突破学科领域的界限，注重搭建跨学科的平台。跨学科交流是激发博士生学术创造力的重要途径，博士生要努力提升在交叉学科领域开展科研工作的能力。清华大学于2014年创办了“微沙龙”平台，同学们可以通过微信平台随时发布学术话题，寻觅学术伙伴。3年来，博士生参与和发起“微沙龙”12 000多场，参与博士生达38 000多人次。“微沙龙”促进了不同学科学生之间的思想碰撞，激发了同学们的学术志趣。清华于2002年创办了博士生论坛，论坛由同学自己组织，师生共同参与。博士生论坛持续举办了500期，开展了18 000多场学术报告，切实起到了师生互动、教学相长、学科交融、促进交流的作用。学校积极资助博士生到世界一流大学开展交流与合作研究，超过60%的博士生有海外访学经历。清华于2011年设立了发展中国家博士生项目，鼓励学生到发展中国家亲身体验和调研，在全球化背景下研究发展中国家的各类问题。

在博士学位评定方面，权力要进一步下放，学术判断应该由各领域的学者来负责。院系二级学术单位应该在评定博士论文水平上拥有更多的权力，也应担负更多的责任。清华大学从2015年开始把学位论文的评审职责授权给各学位评定分委员会，学位论文质量和学位评审过程主要由各学位分委员会进行把关，校学位委员会负责学位管理整体工作，负责制度建设和争议事项处理。

全面提高人才培养能力是建设世界一流大学的核心。博士生培养质量的提升是大学办学质量提升的重要标志。我们要高度重视、充分发挥博士生教育的战略性、引领性作用，面向世界、勇于进取，树立自信、保持特色，不断推动一流大学的人才培养迈向新的高度。

邱勇

清华大学校长

2017年12月5日

丛书序二

以学术型人才培养为主的博士生教育，肩负着培养具有国际竞争力的高层次学术创新人才的重任，是国家发展战略的重要组成部分，是清华大学人才培养的重中之重。

作为首批设立研究生院的高校，清华大学自20世纪80年代初开始，立足国家和社会需要，结合校内实际情况，不断推动博士生教育改革。为了提供适宜博士生成长的学术环境，我校一方面不断地营造浓厚的学术氛围，一方面大力推动培养模式创新探索。我校从多年前就已开始运行一系列博士生培养专项基金和特色项目，激励博士生潜心学术、锐意创新，拓宽博士生的国际视野，倡导跨学科研究与交流，不断提升博士生培养质量。

博士生是最具创造力的学术研究新生力量，思维活跃，求真求实。他们在导师的指导下进入本领域研究前沿，吸取本领域最新的研究成果，拓宽人类的认知边界，不断取得创新性成果。这套优秀博士学位论文丛书，不仅是我校博士生研究工作前沿成果的体现，也是我校博士生学术精神传承和光大的体现。

这套丛书的每一篇论文均来自学校新近每年评选的校级优秀博士学位论文。为了鼓励创新，激励优秀的博士生脱颖而出，同时激励导师悉心指导，我校评选校级优秀博士学位论文已有20多年。评选出的优秀博士学位论文代表了我校各学科最优秀的博士学位论文的水平。为了传播优秀的博士学位论文成果，更好地推动学术交流与学科建设，促进博士生未来发展和成长，清华大学研究生院与清华大学出版社合作出版这些优秀的博士学位论文。

感谢清华大学出版社，悉心地为每位作者提供专业、细致的写作和出版指导，使这些博士论文以专著方式呈现在读者面前，促进了这些最新的优秀研究成果的快速广泛传播。相信本套丛书的出版可以为国内外各相关领域或交叉领域的在读研究生和科研人员提供有益的参考，为相关学科领域的发展和优秀科研成果的转化起到积极的推动作用。

感谢丛书作者的导师们。这些优秀的博士学位论文，从选题、研究到成文，离不开导师的精心指导。我校优秀的师生导学传统，成就了一项项优秀的研究成果，成就了一大批青年学者，也成就了清华的学术研究。感谢导师们为每篇论文精心撰写序言，帮助读者更好地理解论文。

感谢丛书的作者们。他们优秀的学术成果，连同鲜活的思想、创新的精神、严谨的学风，都为致力于学术研究的后来者树立了榜样。他们本着精益求精的精神，对论文进行了细致的修改完善，使之在具备科学性、前沿性的同时，更具系统性和可读性。

这套丛书涵盖清华众多学科，从论文的选题能够感受到作者们积极参与国家重大战略、社会发展问题、新兴产业创新等的研究热情，能够感受到作者们的国际视野和人文情怀。相信这些年轻作者们勇于承担学术创新重任的社会责任感能够感染和带动越来越多的博士生，将论文书写在祖国的大地上。

祝愿丛书的作者们、读者们和所有从事学术研究的同行们在未来的道路上坚持梦想，百折不挠！在服务国家、奉献社会和造福人类的事业中不断创新，做新时代的引领者。

相信每一位读者在阅读这一本本学术著作的时候，在吸取学术创新成果、享受学术之美的同时，能够将其中所蕴含的科学理性精神和学术奉献精神传播和发扬出去。

清华大学研究生院院长

2018年1月5日

导师序言

我很高兴为王乾博士学位论文的出版写一个简短的序言。2012年,王乾到清华大学攻读博士学位。当时,我们课题组非结构网格数值方法的研究刚刚取得阶段性的成果,发展了一种高精度有限体积方法的保精度限制器,也面临着下一步工作如何开展的问题。

众所周知,非结构网格二阶精度有限体积方法已经取得了很大的成功,是主流商业CFD软件的基准算法。但是,在正在发展的非结构网格高精度算法中,有限体积方法并没有得到广泛的认可。主要的原因是有限体积方法是基于"重构"的算法。为了重构出控制体内部物理量的高阶分布(例如高次多项式分布),需要有足够多的信息,而有限体积方法可以利用的信息只是每个控制体上物理量的平均值。常规的高精度有限体积方法通过加大重构模板的做法,提高重构精度;即在重构某一个控制体中的多项式分布时,考虑这个控制体周围多个控制体上的平均值信息。这个方法的缺陷是在非结构网格上要显式搜索重构模板中的单元、难以高精度处理边界条件、难以开展自适应网格计算、在分区并行计算时要传递大量数据等。这些缺陷实际上限制了高精度有限体积方法采用简单的数据结构和开展大规模的并行计算。另一方面,非结构网格有限体积方法也具有一些独特的优势,例如二阶精度有限体积方法有良好的应用基础,在激波计算的限制器和高效隐式解法方面比较成熟等。因此,如何发挥有限体积方法的优势、克服它的缺陷,就很自然地成为我们课题组下一步要开展的一项重要研究工作。但是,如何开展这项工作,我当时只有一项很初步的设想,对这个设想能否成功并没有把握。

在这种情况下,王乾开始了他的博士学位论文研究,目标是发展一种在紧致模板(只包括当前控制体和与之有公共面的控制体)上构造任意阶精度有限体积格式的方法。要减小模板规模,不仅要利用面相邻单元的平均值,还必须利用面相邻单元多项式分布的额外信息。由于面相邻单元的重构多项式也是未知的,这个方法必然是一个隐式的方法。这个特点给方法的构造、稳定性和高效求解技术等方面造成了很大困难。虽然有限差分方法中紧致格式已经相当成熟,但在非结构网格上进行高精度的隐式重构,以前的研究非常罕见,可供参考的东西几乎没有。因此,开始的研究并不顺利。王乾付出了艰苦的努力,用了大约一年的时间,终于发展出第一种可行的紧致重构方法——紧致最小二乘重构方法,这个方法同我最初的设想相比,有了非常大的进步。以此为基础,我们还构造了具有更好特性的紧致变分重构方法。紧致变分重构方法系数矩阵具有对称正定的特点,保证了重构过程的可解性,这是以前的方法所不具备的。紧致变分重构的另一优点是在边界附近可保持和内点相同的精度。为了提高求解效率,我们还提出了隐式时间推进和重构耦合迭代的方法,使得所发展的方法在精度、效率等方面显著优于现有方法。除此之外,王乾还发展了与非结构网格高精度紧致有限体积方法匹配的实用求解技术,包括三维高阶网格处理、高阶边界条件、黏性项高阶计算方法、激波捕捉的限制技术等;以此为基础,发展了适用于任意混合网格的二维、三维非结构网格高精度紧致有限体积方法的计算程序。他通过大量算例,对所发展的计算方法进行了验证,初步证实了这些方法的有效性;通过和传统方法开展对比研究,说明了这些方法在计算精度和效率方面的优势。

这些工作的意义在于:基于紧致重构技术,建立了非结构网格高精度紧致有限体积方法的新框架,为下一代 CFD 技术的发展提供了一种有效的方案。王乾作为第一作者,在计算科学顶级杂志 JCP 上发表论文 3 篇,他的博士学位论文被评为清华大学优秀博士学位论文。本书是对他的博士研究生阶段工作的系统总结,能够在清华大学出版社出版,我感到非常欣慰。

任玉新

清华大学航天航空学院

2019 年 3 月 9 日

摘　要

非结构网格高精度数值方法，在提高复杂工程流动问题精细模拟的计算效率方面具有很大的潜力。非结构网格高精度有限体积方法，是一种发展较早的非结构网格高精度数值方法。但是，“重构模板过大”这一缺陷，影响了非结构网格高精度有限体积方法的鲁棒性和计算效率，进而限制了其在工程中的应用。本书研究的主要目标是克服高精度有限体积方法重构模板过大的问题，发展紧致高精度有限体积方法，并应用于可压缩流动问题的数值模拟。

紧致高精度有限体积方法的核心是紧致高精度重构。本书提出了能够在紧致模板上达到任意高阶精度的“紧致最小二乘重构”，通过要求中心单元的重构多项式及其空间导数在面相邻单元上守恒构造重构线性方程组。相比于传统重构，重构多项式空间导数的守恒提供了额外的关系式，在规模很小的紧致模板上获得了足够多的信息。因为利用了邻单元上未知的重构多项式，所以紧致最小二乘重构是隐式重构。紧致最小二乘重构方程组是大型稀疏的，其直接和迭代求解计算量都很大。直接解法不能做到紧致，因此选用迭代法求解。

本书提出了“重构和时间推进耦合迭代”方案来避免重构迭代造成的额外计算开销，提高基于隐式重构的有限体积方法的计算效率。将重构迭代和隐式双时间步法的迭代相耦合，在每个虚拟时间步只进行一次重构迭代。重构和时间积分这两个相互耦合的过程最终会一起收敛。

为了克服紧致最小二乘重构在重构矩阵奇异性和边界处理方面的不足，本书提出了“变分重构”。变分重构通过求解全局泛函极值问题，得到一个“最光滑”的分片多项式分布。相比于传统重构和紧致最小二乘重构，变分重构最大的优势是其重构矩阵具有对称正定特性，因此重构矩阵是非奇异的，变分重构有唯一解。另外，变分重构的边界处理精度更高。紧致最小二乘重构需要在边界单元上降低一阶精度，而变分重构在边界单元上无需降阶，能够达到全场一致的高阶精度。

另外，本书完善了非结构网格高精度有限体积方法求解体系，包括高阶网格变换、基于特征变量的限制器、黏性通量、高阶隐式时间推进等方面。本书用大量的数值算例验证了非结构网格紧致高精度有限体积方法的精度、效率和激波捕捉能力，以及相对于二阶有限体积方法的优势。对比较光滑的流动问题的测试结果表明，网格充分加密时，四阶紧致有限体积方法的计算效率可比二阶有限体积方法高几个数量级。

关键词：非结构网格；高精度有限体积方法；紧致最小二乘重构；重构和时间推进耦合迭代；变分重构

Abstract

High-order methods on unstructured grids have significant potential in improving efficiency of simulations of complex engineering problems with high accuracy requirement. High-order finite volume (FV) method has not been widely used in engineering problems, mainly because of the bottleneck problem of large reconstruction stencil. The objective of this book is thus to develop high-order FV schemes with compact stencil involving only face-neighboring control volumes on the unstructured grids. The developed schemes are applied to the simulations of compressible flows governed by the Euler and Navier-Stokes equations.

The key ingredient of the compact high-order FV method is the compact high-order reconstruction. This book proposes a compact least-squares (CLS) reconstruction that can achieve arbitrary high-order accuracy on a compact stencil involving only the face-neighboring cells. The constitutive relations of the CLS reconstruction is derived by requiring the reconstruction polynomial of the current cell and its spatial derivatives to be conserved on the face-neighboring cells. Compared with the traditional reconstructions, the conservation of the spatial derivatives provides additional constitutive relations so that the reconstruction can be performed on a compact stencil. The CLS reconstruction is implicit due to the use of the unknown reconstruction polynomials on the face-neighboring cells. Both direct and iterative solvers of the linear equation system of the CLS reconstruction are computationally very expensive because the system is large and sparse. Furthermore, the direct solution procedure is by no means compact. Therefore, we use iterative methods that are "operationally compact" to solve the linear equation system.

A "reconstruction and time integration coupled iteration method" is proposed to improving the computational efficiency of the FV method using the implicit CLS reconstruction. In the coupled iteration method, the implicit reconstruction is coupled with the implicit time integration. The reconstruction iteration need not to be converged at each time step or pseudo time step and is performed only once in each time step or pseudo time step. The two iteration procedures， i. e. ， the reconstruction and the implicit time integration， will achieve their convergence synchronously. The coupled iteration method avoids the extra computational cost of the reconstruction iteration and improves the efficiency of the FV method using implicit reconstruction significantly.

A variational reconstruction is proposed to improve the reconstruction procedure of the compact high-order FV method. The linear equation system is derived by minimizing the cost function that measures the smoothness of the piece-wise reconstruction polynomials. The significant advantages of the variational reconstruction over the CLS reconstruction is the non-singularity of the reconstruction matrix. The reconstruction matrix of the variational reconstruction is symmetric and positive definite and thus non-singular. The variational reconstruction has unique solution. Another advantage of the variational reconstruction over the CLS reconstruction is that the variational reconstruction can achieve uniform high-order accuracy on the whole computational domain due to the fact that the variational reconstruction need not to reduce the order of accuracy near physical boundaries as the CLS reconstruction.

Besides the compact reconstructions and the coupled iteration method， this book also presents novel algorithms in viscous fluxes computation， high-order element parameter transformation， characteristic limiting procedure and high-order implicit time integration to improving the framework of computing compressible flows. Results of numerous test cases demonstrate the high-order accuracy， high computational efficiency， strong shock-capturing capability and advantages over the second-order finite volume method. For relatively smooth flow problems， the fourth-order compact finite volume method is orders of magnitude more efficient than the second-order finite volume method on sufficiently refined meshes.

Key words： unstructured grids； high-order finite volume method； compact least-squares reconstruction； reconstruction and time integration coupled iteration； variational reconstruction

目　录

Contents

第1章 引 言

1.1 研究背景

计算流体力学(computational fluid dynamics,CFD)通过数值方法求解流体力学控制方程,得到流场的离散的定量描述,并以此预测流体运动规律[1]。在流体力学领域,CFD已经发展成为与理论分析和实验观察并驾齐驱的研究工具,并广泛应用于工程设计和分析。

数值求解流体力学控制方程,需要将求解域离散为网格点或者控制体,这个过程称为“网格划分”。按照是否具有规则拓扑关系,将网格分为结构网格和非结构网格。结构网格具有规则的拓扑,在每个维度都对网格单元进行编号,极大地方便了算法设计和程序编写。但代价是结构网格难以处理复杂几何形状的求解域,而且生成结构网格所需要的人工干预较多,花费时间较长。非结构网格的单元类型丰富,划分比较灵活,适合处理复杂形状求解域,可以快速自动化生成。另外,相比于结构网格,非结构网格更加容易实现并行分区的负载均衡,更便于进行网格/精度自适应(hp-adaption)。因此,工程问题的计算大多采用非结构网格。

非结构网格上的CFD方法分为有限体积和有限元两类。目前,发展成熟并被商业软件和开源软件(如OpenFOAM[2]和SU2[3])采用的是二阶有限体积方法[4-8]。但是,许多应用对计算方法的精度要求很高,二阶方法不能满足其需求。例如,对于湍流直接数值模拟(DNS)、湍流大涡模拟(LES)和气动声学(CAA),二阶格式的色散和耗散误差大,不能够高效地解析流场中的多尺度结构。

精度高于二阶的数值方法称为“高精度数值方法”[9]。相比于二阶精度数值方法,高精度数值方法的误差随网格加密下降更快,更容易得到网格收敛解;色散和耗散误差更小,对多尺度流场结构的解析能力更强;捕捉到的激波和接触间断结构更锐利,分辨率更高。因此,对于前面提到的直接数值模拟、大涡模拟和气动声学等精度要求较高的应用,高精度数值方法具有更大的潜力。

对于一个具体问题,应该选择什么样的数值方法,需要根据问题的精度要求确定。问题要求的精度越高,高阶方法的优势越明显[10]。通常,在同一套网格上,高阶格式的计算误差比二阶格式的计算误差更小,但花费的计算时间也更多。一个公平的衡量格式效率的准则是,达到同样的精度要求,花费更少计算时间的格式效率更高。对于精度要求不高的问题,如湍流的雷诺平均(Reynolds averaged Navier-Stokes,RANS)模拟,低阶方法需要的计算代价更小,更为高效;而对于精度要求很高的问题,如气动声学,高阶方法需要的计算代价更小,更为高效,如图1.1所示。这个现象的本质是,相比于低阶格式,高阶格式的误差随计算开销的增加而下降的速率更快,但是在网格尺度较大时其计算开销大的劣势更为突出。

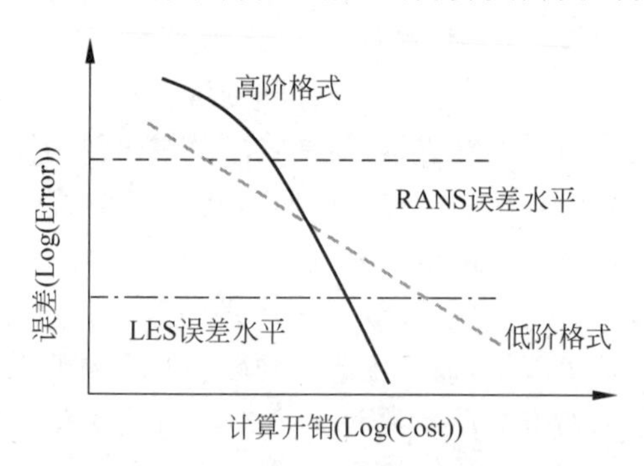

图1.1　高阶方法与低阶方法计算误差和计算代价对比图

近二十年来,非结构网格高精度数值方法获得了很大的发展,并成为计算流体力学领域的一个研究热点。欧洲的ADIGMA[11]和IDIHOM[12]工程以发展高效实用的自适应非结构网格高精度数值方法为目标。NASA Vision 2030[13]的技术路线中指出要发展适合于并行网格/精度自适应的高精度数值方法,而目前看来,非结构网格高精度数值方法是最符合这一要求的。*International Workshop on High-Order CFD Methods*[9]已经举办了四届,大部分参与者采用的是非结构网格高精度数值方法。非结构网格高精度数值方法将成为CFD的一个重要突破,但由于目前还存在诸多关键技术问题,这类方法还未能广泛地应用于工程问题。本书将在调研非结构网格高精度数值方法发展现状的基础上,对目前流行的高阶方法存在的关键技术问题进行分析,并提出研究目标。

1.2 非结构网格高精度数值方法的发展与应用

目前流行的非结构网格高精度数值方法包括 k-exact[14-17]/WENO[18-21]有限体积(finite volume,FV)、间断伽辽金(discontinuous Galerkin,DG)[22-26]、通量重构(flux reconstruction,FR)[27-28]、P_NP_M[29-31]等方法。这些方法可以分为有限体积、有限元和混合方法三种类型。下面介绍非结构网格高精度数值方法的发展、特点及应用。

1.2.1 有限体积方法

高精度有限体积方法是目前比较流行的一种非结构网格高精度数值方法。有限体积方法在控制体上求解积分型流体力学方程,其数值解为物理量在控制体上的平均值。

高精度重构是有限体积方法达到高阶精度的关键。有限体积方法在每个网格上只求解一个自由度,即物理量的单元平均值。因此,要在某一网格单元上构造线性或者更高阶次的多项式来近似物理量在单元上的分布,必须利用相邻单元的信息。利用单元平均值及邻单元的信息构造本单元的多项式分布的过程称为"重构",参与重构的本单元及邻单元的集合称为"重构模板"。高精度重构的一个开创性工作是 k-exact 重构[14-17]。1990 年,Barth 和 Fredrichson 在二维非结构网格上提出了 k-exact 重构方法[14],随后被 Delanaye 和 Liu 拓展到三维非结构网格[15]。Ollivier 等将 k-exact 重构方法进一步发展[16-17]。k-exact 重构的基本思想是,用一个高阶多项式来近似单元上物理量的分布,如果物理量分布充分光滑,那么这个高阶多项式分布也能高精度地逼近相邻单元上的物理量分布。令高阶多项式在本单元及相邻单元上的积分平均值等于已知的物理量单元平均值,便可以得到以高阶多项式系数为未知数的线性方程组。如果选择的重构模板单元数量不少于高阶多项式系数的个数,就可以确定这个高阶重构多项式。

非结构网格上的 ENO 和 WENO 重构分别由 Abgrall[32] 和 Friedrich[18] 提出。Shu 等[19] 和 Dumbser 等[20-21] 进一步发展了非结构网格上的 WENO 格式,提高了其计算精度和计算效率。他们发展的 WENO 格式,需要在多个模板上进行重构,得到一组候选多项式,然后将候选多项式进行加权平均得到精度高且光滑的多项式。但多模板重构计算量很大,限制了 WENO 格式的计算效率。李万爱和任玉新提出了基于二次重构技术的 k-exact

WENO 格式[33]，避免了多模板重构，大大提高了 WENO 格式的计算效率。二次重构技术的基本思想是，将面相邻单元的 k-exact 重构多项式延拓到当前单元上，进行守恒性修正后，和当前单元的 k-exact 重构多项式一起作为候选多项式。二次重构过程有简单的解析公式，可以使得 WENO 候选多项式的构造更加高效。

高精度有限体积方法的优点是格式简单，激波捕捉和隐式时间推进技术成熟。高精度有限体积方法的激波捕捉技术主要分为两类，一类是通过候选多项式的非线性加权平均得到较为光滑的多项式，以 WENO 为代表；另一类是坡度限制器，通过对重构多项式系数进行修正来获得光滑多项式，以 MLP[34-35] 和 WBAP[36-37] 等限制器为代表。WENO 格式的重构和限制过程是一体的，首先在若干偏心模板上进行 k-exact 重构获得候选多项式，然后通过非线性权强调光滑的候选多项式，弱化波动大的候选多项式；使用坡度限制器的高精度有限体积方法通常采用"k-exact 重构＋间断探测器＋坡度限制器"的模式。性能良好的限制器，如 WBAP 限制器，不仅能够在间断附近抑制非物理数值振荡，还能在光滑区保持精度，具有这种性质的限制器称为"保精度限制器"。

高精度有限体积方法可以继承二阶有限体积方法的隐式时间推进技术，如双时间步法[38-39]，可以采用比显式时间推进方法更大的时间步长，提高计算效率。隐式时间推进的线性方程组，可以采用 LU-SGS[39,40] 或预处理 GMRES[40] 求解。这两种求解方法都可以做到无矩阵化，使得隐式时间推进部分增加的存储量很小。

高精度有限体积方法的主要缺陷是重构模板过大。对于 k-exact 和 WENO 重构，由于每个相邻单元只能提供一个线性方程，要求解重构多项式的待定系数，重构模板单元的总数必须不少于待定系数的个数。重构多项式待定系数的个数，会随着重构多项式阶次的提高而快速增加，因此重构模板也将会变得非常大。

目前高精度有限体积方法已经得到一定程度的应用。李万爱[41-42] 用三阶和四阶有限体积方法计算三维层流问题。张英丽[43] 用三阶有限体积方法进行了 DLR-F6 翼身组合体的 RANS 模拟和串列双圆柱的 RANS/LES 混合模拟。Rashad[44] 用二至四阶 CENO 有限体积方法进行了各项同性湍流的大涡模拟。Cueto-Felgueroso 等[45] 将三阶有限体积方法应用到浅水波动力学问题。

1.2.2 间断有限元方法

求解可压缩流动的非结构网格高精度有限元方法大多是间断有限元法,如间断伽辽金[22-26]和通量重构[27-28]方法。间断有限元方法,如高阶有限体积方法,在计算域上用分片连续的高阶多项式来逼近物理量的真实分布,因此间断有限元方法的基函数及试验函数是间断的,这一点与连续有限元方法有本质区别。间断基函数的使用,使得间断有限元方法可以引入有限体积方法的数值通量、黎曼求解器和限制器等技术,可以计算连续有限元方法难以处理的包含间断的流动问题。

间断伽辽金(DG)方法最初由 Reed 和 Hill[22]提出,用来求解中子输运方程。Cockburn 和 Shu 等人[26]开创性地发展了 Runge-Kutta DG(RKDG)方法,用来求解双曲守恒律。DG 方法的演化方程是通过伽辽金原理(加权余量法)导出的,具体过程是将控制方程的左右两端乘以一组线性无关的试验函数后在控制体上积分,并使用分部积分导出控制方程的弱形式。将假设的单元内部物理量的高阶多项式分布代入到弱形式的控制方程中,可得到所有多项式自由度的时间演化方程。因此,DG 方法达到高阶精度的途径是对分布多项式的所有自由度进行时间推进,求解的自由度比有限体积方法更多。在 DG 方法中,中心单元只在计算界面数值通量时需要其面相邻单元的信息,因此 DG 方法具有紧致特性。另外,DG 方法具有严格的守恒性和稳定性[26],求解某些类型的偏微分方程时还具有超收敛性质[46-47]。这些特点使得 DG 方法成为目前最为流行的非结构网格高阶数值方法。国内的阎超[48-49]、李万爱[50]、吕宏强[51]、赵宁[52]、程剑[53]等在 DG 方法的发展和应用方面取得了许多重要成果。

DG 方法分为两种,一种是 Modal DG,如文献[26]中描述的 RKDG,其自由度是多项式系数,并没有明确的物理含义;另一种是 Nodal DG,如 DG-SEM[54-56],其自由度是高斯体积分点上的物理量,具有明确的物理含义。Nodal DG 将求解点布置在高斯积分点,避免了体积分时积分点物理量值的计算,比 Modal DG 计算量更小。

DG 方法的无黏通量计算可以采用有限体积方法的黎曼求解器。但是 DG 方法的黏性通量计算不能像有限体积方法那样,在网格交界面上,用左、右单元的重构多项式的梯度的算术平均作为界面上物理量的梯度[41],因为这种界面梯度的计算方法与 DG 格式是不相容的[57]。近年来,为了解决 DG 方法的黏性通量计算问题,发展出了 LDG[58],BR2[59],IP-DG[60-61],

CDG[62],DDG[63],dGRP[64]等方法。文献[64-67]对这些黏性通量计算方法的分析和计算结果表明,这些方法都是相容的、稳定的,并且能达到和无黏通量一样的精度阶数。

谱差分[68-69](spectral difference,SD)和Nodal DG方法类似,它的自由度也是单元内部求解点上的物理量。不同的是求解点上的演化方程是强形式的控制方程,因此SD方法不需要进行面积分或者体积分,所以其应用比DG更为简便,尤其是在曲面边界上[10]。但是,如果求解点布置不合理,会导致格式存在弱不稳定性[70]。这种弱不稳定性的困扰制约了SD方法的应用。

Huynh[27]和Wang[28]提出的通量重构(FR)方法,其自由度演化方程由DG的弱形式控制方程再进行一次分部积分而得到,因此可以看作是Nodal DG方法在强守恒形式下的一种简化。通量重构通过“提升算子”的计算得以体现。通过选取特定的提升算子,FR方法可以复现DG和SD等方法[28],因此可以将FR方法看成一种统一的间断有限元格式。

间断有限元方法的优点是模板紧致,边界处理简单。目前尚未解决的关键技术问题包括限制器和隐式时间推进,1.3节将对这两个问题进行详细描述。

目前,间断有限元方法已经获得了一定程度的应用。Bassi等[71]用二至四阶DG方法进行了DLR-F6翼身组合体的RANS模拟。Wallraff等[72]用三阶DG方法进行了三角翼大攻角湍流绕流的自适应RANS模拟。Wiart和Hillewaert[73]用四阶DG方法进行了T106C亚声速叶栅的转捩和分离流动模拟,以及JEAN喷管亚声速射流的隐式大涡模拟(implicit large-eddy simulation,ILES)。Vermeire和Vincent[74]用四阶和五阶FR方法进行了SD7003翼型跨声速绕流的ILES。

1.2.3 混合方法

P_NP_M方法[29-31]是有限体积和间断有限元的混合方法。其中,N和M都是正整数,代表多项式的阶次,并且$N \leqslant M$。P_NP_M方法首先使用DG方法推进得到一个低阶多项式P_N,然后利用当前单元和相邻单元上的P_N多项式,重构出一个高阶多项式P_M,将这个高阶多项式用于DG方法的面积分和体积分项的计算,得到下一个时刻的低阶多项式P_N,再进行重构,如此循环往复。P_NP_M方法需要时间推进的只是低阶多项式P_N的自由度,达到的精度是$M+1$阶。所以N和M组合适当时,P_NP_M方法既可以避免有限体积方法的大模板问题，又可以比同阶精度的DG方法推进更少的自由度和使用更大的时间步长。

基于类似的思想，Luo等提出了RDG(reconstructed discontinous Galerkin)方法[75-76]，张来平等提出了DG/FV混合方法[77-78]。

目前，混合方法已经被应用到二维RANS模拟[79-80]、二维不可压流动[81]和包含相变的流动[82]等问题。

1.3 非结构网格高精度数值方法亟待解决的关键技术问题

目前，非结构网格高精度数值方法还只是被应用于比较简单的问题，在工程领域的应用非常有限，这是因为非结构网格高精度数值方法还存在诸多关键技术问题未解决。这些亟待解决的关键技术问题包括，有限体积方法的大模板，间断有限元方法的限制器[9]，间断有限元方法的隐式时间推进[9]，以及两种方法都要面对的曲面边界处理[9]问题。

混合方法综合了有限体积和间断有限元方法的优点，可以避免有限体积方法的大模板问题。但是由于其使用间断有限元方法推进获得低阶多项式，因此混合方法不可避免地要面对间断有限元方法的所有难题。

下面逐一介绍非结构网格高精度数值方法亟待解决的关键技术问题，即有限体积方法的大模板、间断有限元方法的限制器、间断有限元方法的隐式时间推进和曲面边界处理。

1.3.1 有限体积方法的大模板

限制高精度有限体积方法向工程问题应用的最大瓶颈是重构模板巨大。

造成重构模板巨大的本质原因是，对于某一个单元的多项式重构，它的每一个邻单元上只有一个可以利用的自由度，即物理量的单元平均值。例如，在k-exact重构中，一个相邻单元只能提供一个线性方程。为了使k-exact重构稳定，一般取模板单元数目为待定系数数目的1.5～2倍[20]，并使用最小二乘方法求解重构方程组。因此随着重构多项式阶次的提高，待定系数数目迅速增大，重构模板也相应地变得非常巨大。以三维的k-exact重构为例，三次多项式重构，有19个待定系数，需要约40个模板单元；四次多项式重构，有35个待定系数，则需要约70个模板单元！

重构模板巨大会导致一系列降低计算效率和鲁棒性的问题，例如要利用较远的模板单元而使计算缓存利用率低、分区交界面上要传递的数据多而使并行效率降低、物理边界处模板偏心化而加大重构奇异性等。另外，对于程序设计，重构模板的一个巨大弊端是其不确定性。在搜索模板时，常常是逐层向外扩展，但会出现某一层模板单元太多的情况，全部采用则计算量和存储量增加过多，只用部分单元又需要设计取舍的准则，很不方便。

谱体积[83-84](spectral volume,SV)方法是一种特殊的高精度有限体积方法，它被提出的一个重要动机，就是解决 k-exact/WENO 有限体积方法重构模板巨大的问题。SV 方法将一个网格单元划分成若干个子单元，用有限体积格式推进求解每个子单元上的平均值。整个大单元上的高阶多项式分布用子单元平均值插值得到。SV 方法虽然克服了传统高精度有限体积方法模板巨大的缺陷，但是它的子单元划分是一个难题，因为子单元划分的不合理会导致格式存在弱不稳定性[85]。和 SD 方法类似，弱不稳定性的存在制约了 SV 方法的应用。

为了发展实用高效的高精度有限体积方法，必须要解决重构模板巨大的问题，发展基于紧致模板的高精度重构方法。

1.3.2　间断有限元方法的限制器

间断有限元方法的限制器设计是一个研究热点，也是一个难点[9]。难点在于寻找一种“保精度限制器”，即既能抑制间断附近的非物理数值振荡，又能在光滑区保持原有格式的精度。

目前，已经出现了多种适用于间断有限元方法的高阶限制器，如 Hermite WENO[86]，Moment limiter[87]，MLP[88-89]，二次重构 WENO[50] 等限制器。这些格式大都能够获得基本无振荡的数值解，但是无法保持光滑区的精度。如对于 DG 方法的 Hermite WENO[90] 和二次重构 WENO 限制器[50]，在计算无黏光滑流动问题、对全场单元都进行限制时，虽然能够达到理论精度阶数，但误差会增加几倍甚至一个量级。

另外，近年来，许多学者用添加人工黏性的方法来抑制间断有限元方法在间断附近产生的非物理数值振荡。Persson 和 Peraire[91] 提出了具有子网格分辨率的人工黏性方法，Barter 和 Darmofal[92] 在此基础上提出了 PDE-based 人工黏性方法，克服了前者人工黏性的不光滑性。Lv 等[93] 发展了 entropy-residual 激波探测器，改善了激波探测的准确性。人工黏性方法的优点是能够保持光滑区的精度，并且收敛性良好。缺点是会减小时间步长，而且人工黏性项常含有自由参数，需要根据经验给定。

1.3.3 间断有限元方法的隐式时间推进

间断有限元方法的隐式时间推进技术的难点在于降低存储量。目前已经有许多为间断有限元方法设计的隐式时间推进技术，如非线性 LU-SGS[94]、预处理 GMRES[95] 等，其共同的缺陷就是存储量大。

间断有限元方法的隐式时间推进方法存储量大，是由其每个单元内部求解的多自由度数引起的。隐式时间推进方法通常要求解并存储通量 Jacobian 矩阵，它的规模是(NEq×NDof)×(NEq×NDof)量级，其中 NEq 是方程个数，NDof 是单元内部自由度个数。例如，对于四阶精度(p^3)的 FR 方法，在六面体网格上，其每个单元内的自由度数是 64，Navier-Stokes 方程组的方程个数是 5，那么 10 000 个网格单元的(NEq×NDof)×(NEq×NDof)矩阵的双精度存储就需要 7.6GB 内存。所以目前迫切需要发展间断有限元方法的高效低存储隐式时间积分技术。

1.3.4 曲面边界处理

为了将非结构网格高精度数值方法应用于实际工程问题，还要解决曲面边界处理问题。商业软件输出网格时，只保留了单元顶点的几何信息，丢弃了更多的曲面边界信息，结果只获得了直边的面网格。非结构网格高精度数值方法必须对曲面固壁边界进行处理，获得曲面边界的高阶表达，否则直接使用直边网格进行计算会产生非物理的数值解或者造成格式精度下降。对于 DG 方法，Bassi 和 Rebay[96] 在计算二维无黏流动问题时发现，DG 方法对曲面边界处理非常敏感，在直边网格上会计算出非物理解。有限体积方法对曲面边界处理不如 DG 方法那样敏感，使用直边网格计算不会出现非物理解，但精度会降低[16]。

为了使非结构网格高精度数值方法在计算包含曲面固壁边界的流动问题时获得正确的数值解，并达到高阶精度，必须获得高阶的曲面信息。常用的曲面边界处理方法有两种，一种是用 Gmsh[97] 等软件直接生成高阶网格，另一种是利用直边网格重构出高阶网格。

Gmsh 可以高质量地生成不太复杂的无黏流动网格，但是在生成复杂形状的固壁表面的大长宽比边界层网格时，容易出现网格线干涉的问题。利用直边网格重构出高阶网格的方法，在二维网格上是很容易实现的，如

Krivodonova 等[98]用简单的几何方法给出了曲边线段的控制点。但是在三维情况下，用直边网格重构出高阶网格是很困难的。这个方法的一个重大突破是 Wang 等发布的 meshCurve 软件[99]。meshCurve 可以利用商业软件生成的线性网格重构得到二次网格。对于一般的包含曲面边界的三维问题，二次网格已经足够光滑，满足精度要求。

综上所述，曲边界处理问题已经得到一定程度的解决，但是任意高阶网格的生成技术还需要进一步的发展。最值得期待的解决方案是，即便是对于复杂几何形状的高雷诺数湍流流场，未来的网格软件也能直接生成高质量的高阶网格。

1.4 本书的出发点与目标

为发展鲁棒、高效的非结构网格高精度数值方法，必须解决 1.3 节所述的该方法的瓶颈问题。鉴于曲面边界处理问题已经得到一定程度的解决，有限体积方法的瓶颈问题只有一个，即重构模板过大；间断有限元方法的瓶颈问题有两个，即限制器和隐式时间推进。

本书的出发点是解决有限体积方法重构模板过大的瓶颈问题，发展实用高效的非结构网格紧致高精度有限体积方法。

本书的首要目标是发展能够在紧致模板上达到任意高阶精度的重构方法。目前广泛使用的高精度重构方法，对于每一个模板单元，都只利用了一个信息，即物理量的单元平均值。这样一来，要确定单元上的重构多项式系数，就需要个数不少于重构多项式系数的模板单元，这就是现有的重构方案模板巨大的根本原因。为了发展紧致高精度重构，必须突破每个模板单元只贡献一个信息的思路，采取“挖掘更多信息，使用更小模板”的策略。为了在只包括面相邻单元的模板上实施高阶重构，不仅要利用面相邻单元的物理量平均值，还要利用面相邻单元的物理量的导数。由于面相邻单元的物理量导数也是待定的，和结构网格上的紧致重构类似，非结构网格上的紧致高阶重构也是隐式重构。

由此必须为非结构网格上的隐式重构设计合理的求解方案。在结构网格上，面相邻单元的编号是连续的，因此结构网格上的紧致重构对应的线性方程组常常是(块)三对角或者(块)五对角的。但是在非结构网格上，面相邻单元的编号是不连续的，其差距可能会很大，所以非结构网格紧致高阶重构对应的线性方程组是大型稀疏线性方程组。而大型稀疏线性方程组的直接和迭代解法都是很费时的，所以非结构网格紧致高阶重构的隐式特性会给高效求解方案的设计带来困难，这将是必须解决的第二个难题。

对于曲面边界处理问题，虽然现在已经可以通过 Gmsh 软件生成高阶网格或者 meshCurve 软件重构出高阶网格，但是还要解决高阶网格参数变换的问题。目前各种有限元方法的教材[100-101]中，四边形和六面体单元的参数变换公式比较方便实用，但是三角形、四面体和三棱柱单元往往使用面积参数坐标或者体积参数坐标，这些参数坐标之间不是互相独立的，给求解 Jacobi 值带来不便。本书将给出任意高阶网格单元的直角参数坐标插值基函数构造方案，建立高阶网格单元到规则参数单元的变换。

另外，本书还要完善非结构网格高精度有限体积方法的求解体系。例如，发展能够避免"奇偶失联"的高精度黏性通量计算方法、简化 WBAP 特征限制过程、采用高阶隐式时间推进技术（包括无矩阵化的预处理 GMRES 求解器）等。通过以上研究，力求发展一套高效的非结构网格紧致高精度有限体积方法求解程序，应用于复杂可压缩流动问题的计算。

第 2 章　可压缩流动的高精度有限体积方法

本章介绍采用非结构网格高精度有限体积方法模拟可压缩流动的基本框架。采用半离散有限体积格式求解可压缩流动的控制方程，包含空间离散和时间积分两个基本求解步骤，其中空间离散由重构、限制和数值通量计算等环节构成。

重构是在已知物理量单元平均值的情况下，用分片连续的高阶多项式来逼近计算域上物理量的分布，它是有限体积方法达到高阶精度的关键。本章将介绍重构的一般过程。

流场中包含间断时，重构得到的多项式分布在间断附近会产生非物理数值振荡。本书采用 WBAP 限制器[36-37]对重构多项式进行限制，消除非物理数值振荡。

通量分为无黏通量和黏性通量两个部分。对于无黏通量，采用近似黎曼求解器进行计算。对于黏性通量，本书提出了一种可以避免“奇偶失联”的高精度计算方法，计算过程简便高效。另外，本书提出的黏性通量计算方法使用的是限制后的重构多项式，因此可以将无黏通量和黏性通量的计算放在同一个循环中进行，大大提高了计算效率。

有限体积格式的整体精度阶数是空间离散精度阶数和时间积分精度阶数的最小值。因此，为了使有限体积格式达到高阶精度，必须采用高精度的时间积分方法。本书采用了显/隐式多步 Runge-Kutta 方法。隐式 Runge-Kutta 方法的内迭代求解器采用 LU-SGS 或者 LU-SGS 预处理的 GMRES。上述两种内迭代求解器均能实现无矩阵化，内存开销小。

2.1　Navier-Stokes 方程的半离散有限体积格式

可压缩流动的控制方程是 Navier-Stokes 方程，它反映出了流体运动所满足的质量、动量和能量守恒。不计质量力的情况下，直角坐标系下的守恒型 Navier-Stokes 方程可以写成向量形式：

$$\frac{\partial \boldsymbol{U}}{\partial t}+\frac{\partial(\boldsymbol{F}-\boldsymbol{F}_v)}{\partial x}+\frac{\partial(\boldsymbol{G}-\boldsymbol{G}_v)}{\partial y}+\frac{\partial(\boldsymbol{H}-\boldsymbol{H}_v)}{\partial z}=0 \tag{2-1}$$

其中，t 是时间，$\boldsymbol{x}=(x,y,z)$是空间坐标，$\boldsymbol{U}=(\rho,\rho u,\rho v,\rho w,E)^{\mathrm{T}}$ 是守恒变量，$(\boldsymbol{F},\boldsymbol{G},\boldsymbol{H})$是无黏通量，$(\boldsymbol{F}_v,\boldsymbol{G}_v,\boldsymbol{H}_v)$是黏性通量。通量的表达式为

$$\begin{cases}\boldsymbol{F}=(\rho u,\rho u^2+p,\rho uv,\rho uw,u(E+p))^{\mathrm{T}}\\ \boldsymbol{G}=(\rho v,\rho uv,\rho v^2+p,\rho vw,v(E+p))^{\mathrm{T}}\\ \boldsymbol{H}=(\rho w,\rho uw,\rho vw,\rho w^2+p,w(E+p))^{\mathrm{T}}\\ \boldsymbol{F}_v=\left(0,\tau_{xx},\tau_{xy},\tau_{xz},u\tau_{xx}+v\tau_{xy}+w\tau_{xz}+k\dfrac{\partial T}{\partial x}\right)^{\mathrm{T}}\\ \boldsymbol{G}_v=\left(0,\tau_{xy},\tau_{yy},\tau_{yz},u\tau_{xy}+v\tau_{yy}+w\tau_{yz}+k\dfrac{\partial T}{\partial y}\right)^{\mathrm{T}}\\ \boldsymbol{H}_v=\left(0,\tau_{xz},\tau_{yz},\tau_{zz},u\tau_{xz}+v\tau_{yz}+w\tau_{zz}+k\dfrac{\partial T}{\partial z}\right)\end{cases} \tag{2-2}$$

黏性应力为

$$\begin{cases}\tau_{xx}=2\mu\dfrac{\partial u}{\partial x}+\lambda\mu\left(\dfrac{\partial u}{\partial x}+\dfrac{\partial v}{\partial y}+\dfrac{\partial w}{\partial z}\right),\quad \tau_{xy}=\mu\left(\dfrac{\partial v}{\partial x}+\dfrac{\partial u}{\partial y}\right)\\ \tau_{yy}=2\mu\dfrac{\partial v}{\partial y}+\lambda\mu\left(\dfrac{\partial u}{\partial x}+\dfrac{\partial v}{\partial y}+\dfrac{\partial w}{\partial z}\right),\quad \tau_{xz}=\mu\left(\dfrac{\partial u}{\partial z}+\dfrac{\partial w}{\partial x}\right)\\ \tau_{zz}=2\mu\dfrac{\partial w}{\partial z}+\lambda\mu\left(\dfrac{\partial u}{\partial x}+\dfrac{\partial v}{\partial y}+\dfrac{\partial w}{\partial z}\right),\quad \tau_{yz}=\mu\left(\dfrac{\partial v}{\partial z}+\dfrac{\partial w}{\partial y}\right)\end{cases} \tag{2-3}$$

其中，ρ 是密度，$\boldsymbol{u}=(u,v,w)^{\mathrm{T}}$ 是速度矢量，p 是温度，E 是总能。μ 是动力黏性系数，由 Sutherland 公式计算得到。根据 Stokes 假设，$\lambda=-2/3$。热传导系数 $k=c_p\mu/Pr$，其中 c_p 是定压比热，Pr 是普朗特数（Prandtl number）。

在方程组(2-1)～(2-3)中，有 5 个方程和 7 个未知量。为了使方程封闭，还需要补充 2 个方程，分别是理想完全气体状态方程

$$p=\rho RT \tag{2-4}$$

和总能计算方程

$$E=\frac{p}{\gamma-1}+\frac{1}{2}\rho(u^2+v^2+w^2) \tag{2-5}$$

其中，比热比常数 $\gamma=1.4$。

本书采用基于非结构网格的有限体积方法求解 Navier-Stokes 方程。将计算域 Ω 划分成 N 个互不重叠的控制体（单元），即

$$\Omega = \bigcup_{i=1}^{N} \Omega_i \tag{2-6}$$

非结构网格的控制体如图 2.1 所示。将方程(2-1)在控制体 Ω_i 上进行积分可以得到

$$\frac{\partial \bar{\boldsymbol{U}}_i}{\partial t} = -\frac{1}{\bar{\Omega}_i}\oint_{\partial\Omega_i} \boldsymbol{F} \cdot \boldsymbol{n} \mathrm{d}S \tag{2-7}$$

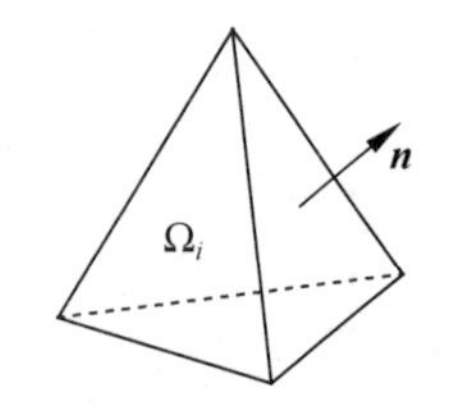

图 2.1 三维四面体单元及其外法线方向示意图

其中，$\boldsymbol{F} = (\boldsymbol{F} - \boldsymbol{F}_v, \boldsymbol{G} - \boldsymbol{G}_v, \boldsymbol{H} - \boldsymbol{H}_v)$ 是通量张量，$\boldsymbol{n} = (n_x, n_y, n_z)^{\mathrm{T}}$ 是控制体界面的单位外法向量，$\bar{\Omega}_i$ 是控制体的体积。$\bar{\boldsymbol{U}}_i$ 是守恒变量的单元平均值，定义为

$$\bar{\boldsymbol{U}}_i = \frac{1}{\bar{\Omega}_i}\int_{\Omega_i} \boldsymbol{U}(\boldsymbol{x}, t) \mathrm{d}\Omega \tag{2-8}$$

式(2-7)即是 Navier-Stokes 方程的半离散有限体积格式。在给定流场的初值和边界条件的情况下，就能将半离散有限体积格式在时间方向上进行推进，求得任意时刻的守恒变量单元平均值。单元平均值 $\bar{\boldsymbol{U}}_i$ 的更新包含两个基本步骤：

(1) 空间离散，即已知当前时间步计算域上所有单元的平均值，计算出方程(2-7)右端的通量积分

$$\boldsymbol{R}_i = -\frac{1}{\bar{\Omega}_i}\oint_{\partial\Omega_i} \boldsymbol{F} \cdot \boldsymbol{n} \mathrm{d}S \tag{2-9}$$

(2) 时间积分，即对方程

$$\frac{\partial \bar{\boldsymbol{U}}_i}{\partial t} = \boldsymbol{R}_i \tag{2-10}$$

在时间方向上进行积分，得到下个时间步的单元平均值。下面将在 2.2 节和 2.3 节分别对空间离散和时间积分的基本过程进行介绍。

2.2 空间离散

从式(2-9)可以看出，空间离散的目标是计算通量积分，这可以通过数值积分实现。计算通量数值积分的前提是给出控制体界面高斯点上的物理量。因此，在计算通量之前，需要利用已知的物理量单元平均值，求出物理量在控制体上的近似分布，这个过程称为“重构”。在重构包含间断(如激波

和接触间断)的流场时,得到的物理量分布是不光滑的,需要进行空间滤波,这个过程称为"限制"。下面对重构、限制、数值通量计算这三个基本过程进行详细描述。

2.2.1 重构

在实现有限体积方法的重构时,对守恒变量的分量逐一进行重构,因此在本节的讨论中,仅考虑守恒变量 $\boldsymbol{U}(\boldsymbol{x},t)$ 的一个分量 $u(\boldsymbol{x},t)$ 的重构问题。由于整个重构过程是在同一个时刻进行的,因此省略时间变量 t,将重构变量记为 $u(\boldsymbol{x})$。

有限体积方法的重构问题,是已知当前时刻计算域上所有单元的平均值 $\bar{u}_j(j=1,2,\cdots,N)$,求出 u 在计算域上的一个分片连续的 k 次多项式分布,即在任意一个单元 i 上,用如下的 k 次多项式

$$u_i(\boldsymbol{x})=\bar{u}_i+\sum_{l=1}^{N_c(k)}u_i^l\varphi_{l,i}(\boldsymbol{x}) \tag{2-11}$$

来逼近 u 在单元 i 上的分布。u_i^l 是待定系数,$N_c(k)=C_{k+3}^3-1$ 是待定系数的个数。$\varphi_{l,i}(\boldsymbol{x})$ 是零均值基函数,定义为

$$\begin{gathered}\varphi_{l,i}(\boldsymbol{x})=(\delta x_i)^p(\delta y_i)^q(\delta z_i)^r-\overline{(\delta x_i)^p(\delta y_i)^q(\delta z_i)^r},\\ \overline{(\delta x_i)^p(\delta y_i)^q(\delta z_i)^r}=\frac{1}{\bar{\Omega}_i}\int_{\Omega_i}(\delta x_i)^p(\delta y_i)^q(\delta z_i)^r\mathrm{d}\Omega,\\ \delta x_i=(x-x_i)/\Delta x_i,\quad \delta y_i=(y-y_i)/\Delta y_i,\quad \delta z_i=(z-z_i)/\Delta z_i\end{gathered} \tag{2-12}$$

其中,$\Delta x_i,\Delta y_i,\Delta z_i$ 是用来对基函数进行无量纲化的特征尺度,可以有多种选择,采用 Luo 等[102]的方案:

$$\begin{cases}\Delta x_i=(x_{\max}-x_{\min})/2\\ \Delta y_i=(y_{\max}-y_{\min})/2\\ \Delta z_i=(z_{\max}-z_{\min})/2\end{cases} \tag{2-13}$$

其中,$x_{\max},y_{\max},z_{\max}$ 和 $x_{\min},y_{\min},z_{\min}$ 分别是单元 i 的 x,y,z 坐标的最大值和最小值。基函数的无量纲化能够克服重构矩阵条件数随网格加密而增大的问题[18,32]。用 $k=2$ 的重构多项式来举例说明指标 l,p,q,r 之间的关系:

$$\begin{aligned}u_i(\boldsymbol{x})=\;&\bar{u}_i+u_i^1\delta x_i+u_i^2\delta y_i+u_i^3\delta z_i+\\&u_i^4[(\delta x_i)^2-\overline{(\delta x_i)^2}]+u_i^5(\delta x_i\delta y_i-\overline{\delta x_i\delta y_i})+\end{aligned}$$

$$u_i^6(\delta x_i \delta z_i - \overline{\delta x_i \delta z_i}) + u_i^7[(\delta y_i)^2 - \overline{(\delta y_i)^2}] +$$
$$u_i^8(\delta y_i \delta z_i - \overline{\delta y_i \delta z_i}) + u_i^9[(\delta z_i)^2 - \overline{(\delta z_i)^2}] \tag{2-14}$$

使用零均值基函数的好处是，无论采用何种重构格式来确定待定系数 u_i^l，或者在后续限制过程中改变了 u_i^l，重构多项式始终能够保持物理量的守恒性，即

$$\frac{1}{\overline{\Omega}_i}\int_{\Omega_i} u_i(x)\mathrm{d}\Omega = \overline{u}_i \tag{2-15}$$

给定阶次 k 时，对于不同的重构格式，重构多项式均可以用式(2-11)～式(2-13)来表示，它们的区别就在于如何求解重构多项式的待定系数 u_i^l。以传统的 k-exact 重构为例来介绍重构的一般过程。k-exact 重构具有 k-exact 性质，即 k 次多项式重构能够精确地还原不高于 k 次的多项式分布。为了求解待定系数需要利用相邻单元的平均值信息，所依赖的相邻单元和当前单元一起构成重构模板，记为 S_i，如图 2.2 所示。

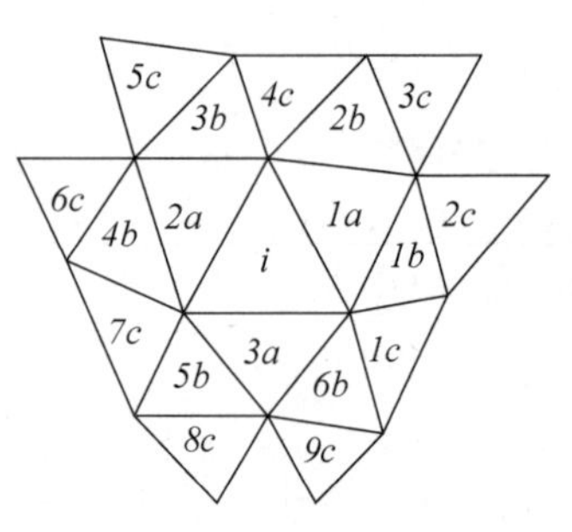

图 2.2 二维三角形单元的三次 k-exact 重构模板示意图

对于连续分布函数 $u(\boldsymbol{x})$，可以得到其在单元 i 的中心点处的 k 次泰勒展开多项式 $P_i(\boldsymbol{x})$。如果重构格式具有 k-exact 性质，那么便精确重构出 $P_i(\boldsymbol{x})$，并且在模板 S_i 所确定的邻域内：

$$u_i(\boldsymbol{x}) = P_i(\boldsymbol{x}) = u(\boldsymbol{x}) + O(h^{k+1}) \tag{2-16}$$

其中，h 是网格尺度，可以选用二维控制体的面积平方根或者三维控制体的体积立方根。因此，对于邻单元 $j \in S_i$，

$$\int_{\Omega_j} u_i(\boldsymbol{x})\mathrm{d}\Omega = \overline{u}_j + O(h^{k+1}) \tag{2-17}$$

如果略去式(2-17)右端的高阶误差项，并将式(2-11)代入式(2-17)，得到 $\forall j \in S_j, j \neq i$，

$$\frac{1}{\overline{\Omega}_j}\int_{\Omega_j} u_i(\boldsymbol{x})\mathrm{d}\Omega = \overline{u}_i + \sum_{l=1}^{N_c(k)} u_i^l \left(\frac{1}{\overline{\Omega}_j}\int_{\Omega_j} \varphi_{l,i}(\boldsymbol{x})\mathrm{d}\Omega\right) = \overline{u}_j \tag{2-18}$$

式(2-18)表示一个以 u_i^l 为未知量的线性方程组。为了防止方程组奇异，选择相邻模板单元的个数 $n_i > N_c(k)$，那么(2-18)的方程组就是一个超定方程组，可以采用最小二乘法求解。

高精度重构是有限体积方法获得高精度的关键。使用 k 次多项式重构的有限体积格式的名义精度是 $k+1$ 阶。所以本书中，二阶、三阶和四阶精度有限体积方法使用的分别是线性、二次和三次多项式重构。

k-exact 重构最大的缺点是重构模板巨大。从前面描述可知，k-exact 重构的模板单元数目要大于待定系数的个数。随着重构多项式阶次 k 的提高，重构多项式的待定系数的个数也会快速增加，因此重构模板的单元数目也要快速增加。一般取模板单元数目为待定系数数目的 1.5～2 倍，对于三维的三次($k=3$)多项式重构，有 19 个待定系数，需要约 40 个模板单元，而四次($k=4$)多项式重构则需要约 70 个模板单元！

模板巨大会造成一系列的问题。模板单元和中心单元的编号差距大，造成 CPU 缓存利用率低；并行计算时，虚拟网格量大，进程之间需要传递的数据量大，通信时间长，降低并行效率；在边界处，由于需要较多的邻单元，只能向计算域内部扩展模板，这样就造成模板的偏心化，加大重构的奇异性。因此，模板巨大会降低格式的效率和鲁棒性。

重构模板巨大，已经成为非结构网格高精度有限体积方法的瓶颈问题。本书的主要目标就是克服这一瓶颈问题，发展模板紧致的高精度重构方法。下面将在第 3 章和第 4 章介绍本书发展的紧致高精度重构方法。

2.2.2　限制器

如果流场含有间断(如激波和接触间断)，重构出的分片连续多项式分布在间断附近会出现非物理的数值振荡，这便是吉布斯现象(Gibbs phenomenon)。间断附近的非物理数值振荡会随着流动扩展到流场其他区域，影响计算结果的准确性，振荡严重时会导致密度和压力出现负值，计算发散。因此在计算高速飞行器绕流等包含间断的流动问题时，必须采取抑制非物理数值振荡的措施。

抑制非物理数值振荡的常用方案有两种，一是添加人工黏性，二是使用限制器。在添加人工黏性的方案中，首先需要使用间断探测器来识别出流场中存在间断的区域，然后向该区域的控制方程右端添加耗散项，将间断附近的数值振荡抹平。耗散项的大小受自由参数控制，而这些自由参数的取值与流动问题相关，需要依据经验给定。人工黏性过大，抑制振荡的效果好，但间断被严重抹平，分辨率低；人工黏性过小，计算出的间断锐利，分辨率高，但数值振荡严重，可能会导致计算发散。因此人工黏性方案往往需要较多的尝试,通用性差。

使用限制器来抑制数值振荡的方案,通过限制间断附近单元的重构多项式,使得这些单元上的物理量分布更加光滑,抑制数值振荡。非结构网格高精度数值方法的一个难题是设计所谓的“保精度限制器”。保精度限制器不仅能够在间断附近抑制非物理数值振荡,而且能够在光滑区域保持计算精度。相比于添加人工黏性,采用对自由参数不太敏感的保精度限制器是更加实用的方案。李万爱等[36-37]发展的 WBAP 限制器,能够捕捉强激波,并且能够保精度和对自由参数不敏感,在大量验证算例中表现良好。因此本书在跨声速和超声速流动的计算中,采用 WBAP 限制器,以得到基本无振荡和高分辨率的流场。

WBAP 限制器有三个要素:候选多项式的构造、限制函数和限制过程。WBAP 限制器的候选多项式,是通过所谓的“二次重构”技术得到的。为了区别,称 2.2.2 节所介绍的重构为初次重构。“二次重构”的基本思想是将相邻单元由初次重构所获得的重构多项式延拓到中心单元,作为中心单元的候选多项式。对于单元 i,从邻单元 j 获得的二次重构多项式为

$$u_{j\to i}(\boldsymbol{x}) = \bar{u}_i + \sum_{l=1}^{N_c(k)} u_{j\to i}^l \varphi_{l,i}(\boldsymbol{x}) \tag{2-19}$$

二次重构多项式系数可以解析地计算,以三维三阶精度($k=2$)有限体积方法的二次重构为例:

$$\begin{aligned}
&u_{j\to i}^1 = \frac{\Delta x_i}{\Delta x_j}(u_j^1 + 2u_j^4 \Delta x + u_j^5 \Delta y + u_j^6 \Delta z),\\
&u_{j\to i}^2 = \frac{\Delta y_i}{\Delta y_j}(u_j^2 + 2u_j^7 \Delta y + u_j^5 \Delta x + u_j^8 \Delta z),\\
&u_{j\to i}^3 = \frac{\Delta z_i}{\Delta z_j}(u_j^3 + 2u_j^9 \Delta z + u_j^6 \Delta x + u_j^8 \Delta y),\\
&u_{j\to i}^4 = \left(\frac{\Delta x_i}{\Delta x_j}\right)^2 u_j^4,\ u_{j\to i}^5 = \frac{\Delta x_i}{\Delta x_j}\frac{\Delta y_i}{\Delta y_j} u_j^5,\ u_{j\to i}^6 = \frac{\Delta x_i}{\Delta x_j}\frac{\Delta z_i}{\Delta z_j} u_j^6,\\
&u_{j\to i}^7 = \left(\frac{\Delta y_i}{\Delta y_j}\right)^2 u_j^7,\ u_{j\to i}^8 = \frac{\Delta y_i}{\Delta y_j}\frac{\Delta z_i}{\Delta z_j} u_j^8,\ u_{j\to i}^9 = \left(\frac{\Delta z_i}{\Delta z_j}\right)^2 u_j^9,\\
&\Delta x = (x_i - x_j)/\Delta x_j,\ \Delta y = (y_i - y_j)/\Delta y_j,\quad \Delta z = (z_i - z_j)/\Delta z_j
\end{aligned} \tag{2-20}$$

WBAP 限制器中,只需要面相邻单元的二次重构多项式,也就是说 WBAP 限制器的限制模板是紧致的。例如,对于四面体单元 i,可以从它的

4 个面相邻单元 j_1,j_2,j_3,j_4 获得 4 个二次重构多项式，加上本单元的初次重构多项式 $u_i(\boldsymbol{x})$，共有 5 个候选多项式。

在 WBAP 限制器中，通过对候选多项式进行非线性加权平均得到限制后的重构多项式。对于四面体单元 i，限制后的重构多项式为

$$\begin{cases}\tilde{u}_i(\boldsymbol{x})=\bar{u}_i+\sum\limits_{l=1}^{N_c(k)}\tilde{u}_i^l\varphi_{l,i}(\boldsymbol{x})\\ \tilde{u}_i^l=L(u_i^l,u_{j_1\to i}^l,u_{j_2\to i}^l,u_{j_3\to i}^l,u_{j_4\to i}^l)\end{cases}\tag{2-21}$$

其中，

$$L(a_0,a_1,\cdots,a_J)=a_0\cdot W\left(1,\frac{a_1}{a_0},\cdots,\frac{a_J}{a_0}\right)\tag{2-22}$$

W 就是 WBAP 的限制函数。在本书的计算中，选取的限制函数是 WBAP-$L2$，即

$$W=W^{L2}(1,\theta_1,\cdots,\theta_J)=\frac{n+\sum\limits_{m=1}^{J}1/\theta_m^{p-1}}{n+\sum\limits_{m=1}^{J}1/\theta_m^{p}}\tag{2-23}$$

其中，$n=10$，$p=4$。

WBAP 限制过程是逐级限制过程。逐级限制过程的关键是先限制所有单元重构多项式的高阶系数，然后用限制后的高阶系数来进行二次重构过程中低阶系数的计算。下面以四面体网格上的三阶精度有限体积方法的限制过程为例。

(1) 对于单元 i，二次重构的二阶系数可以根据式(2-20)计算得到，即

$$\begin{aligned}&u_{j\to i}^4=\left(\frac{\Delta x_i}{\Delta x_j}\right)^2u_j^4,u_{j\to i}^5=\frac{\Delta x_i}{\Delta x_j}\frac{\Delta y_i}{\Delta y_j}u_j^5,u_{j\to i}^6=\frac{\Delta x_i}{\Delta x_j}\frac{\Delta z_i}{\Delta z_j}u_j^6,\\&u_{j\to i}^7=\left(\frac{\Delta y_i}{\Delta y_j}\right)^2u_j^7,u_{j\to i}^8=\frac{\Delta y_i}{\Delta y_j}\frac{\Delta z_i}{\Delta z_j}u_j^8,u_{j\to i}^9=\left(\frac{\Delta z_i}{\Delta z_j}\right)^2u_j^9,\\&\Delta x=(x_i-x_j)/\Delta x_j,\Delta y=(y_i-y_j)/\Delta y_j,\Delta z=(z_i-z_j)/\Delta z_j,\\&j\in\{j_1,j_2,j_3,j_4\}\end{aligned}\tag{2-24}$$

限制后的二阶系数由 WBAP 限制函数计算得到：

$$\tilde{u}_i^l=L(u_i^l,u_{j_1\to i}^l,u_{j_2\to i}^l,u_{j_3\to i}^l,u_{j_4\to i}^l),\quad l=4,5,\cdots,9\tag{2-25}$$

对全场所有单元进行如上操作并且储存限制后的二阶系数 $\tilde{u}_i^l$，$l=4,5,\cdots,9$。

(2) 利用限制过的二阶系数进行二次重构过程一阶系数的计算，即

$$
\begin{aligned}
& u_{j\to i}^{1}=\frac{\Delta x_i}{\Delta x_j}(u_j^1+2\tilde{u}_j^4\Delta x+\tilde{u}_j^5\Delta y+\tilde{u}_j^6\Delta z), \\
& u_{j\to i}^{2}=\frac{\Delta y_i}{\Delta y_j}(u_j^2+2\tilde{u}_j^7\Delta y+\tilde{u}_j^5\Delta x+\tilde{u}_j^8\Delta z), \\
& u_{j\to i}^{3}=\frac{\Delta z_i}{\Delta z_j}(u_j^3+2\tilde{u}_j^9\Delta z+\tilde{u}_j^6\Delta x+\tilde{u}_j^8\Delta y), \\
& \Delta x=(x_i-x_j)/\Delta x_j, \Delta y=(y_i-y_j)/\Delta y_j, \Delta z=(z_i-z_j)/\Delta z_j, \\
& j\in\{j_1,j_2,j_3,j_4\}
\end{aligned}
\tag{2-26}
$$

将候选多项式的一阶系数由 WBAP 函数计算得：

$$
\tilde{u}_i^l=L(u_i^l,u_{j_1\to i}^l,u_{j_2\to i}^l,u_{j_3\to i}^l,u_{j_4\to i}^l),\quad l=1,2,3 \tag{2-27}
$$

对全场所有单元进行如上操作并且储存限制后的一阶系数 $\tilde{u}_i^l,l=1,2,3$。

上述两个步骤完成后，各阶系数都已被限制，得到式(2-21)表示的最终的限制后的重构多项式。从上述两个步骤可以看出，逐级限制的关键是每一级系数的二次重构，都利用了限制后的上一级的系数，这样就避免了数值振荡通过二次重构过程从高阶向低阶的传导，增强了 WBAP 限制器抑制振荡的能力。

将逐级限制过程应用于守恒变量的每个分量，即可完成对守恒变量重构多项式的限制。计算经验表明，间断强度不大时，采用基于守恒变量的 WBAP 限制器能够得到基本无振荡的流场分布。但是在捕捉非常强的间断时，采用基于守恒变量的 WBAP 限制器计算出的流场，在间断附近会存在一定程度的未能消除的数值振荡。为了基本无振荡地捕捉强间断，需要采用抑制振荡能力更强的基于特征变量的 WBAP 限制器。

基于特征变量的 WBAP 逐级限制过程的思路是，将守恒变量的重构多项式分布投影到特征空间，得到特征变量的多项式分布，并对其进行逐级限制，然后将限制后的特征变量的分布多项式反投影回物理空间，得到基本无振荡的守恒变量的多项式分布。下面以四面体网格上三阶精度($k=2$)有限体积方法的特征限制过程为例。

(1) 单元 i 有四个面，记为 f_1,f_2,f_3,f_4，对应的面相邻单元为 j_1,j_2,j_3,j_4。在面 f_1 上，可以由 i 和 j_1 的单元平均值，以及 f_1 的单位法向量计算出无黏通量 Jacobian 矩阵的左、右特征向量矩阵 $(\boldsymbol{R}^1)^{-1},\boldsymbol{R}^1$，具体计算公式参考文献[103]。然后将守恒变量的候选多项式 $\boldsymbol{U}_i$ 和 $\boldsymbol{U}_{j_1\to i}$ 投影到特征空间，得到特征变量的候选多项式 $\boldsymbol{V}_i^1$ 和 $\boldsymbol{V}_{j_1\to i}^1$，其多项式系数为

$$\boldsymbol{V}_i^{l,1} = (\boldsymbol{R}^1)^{-1}\boldsymbol{U}_i^l, \quad \boldsymbol{V}_{j_1\to i}^{l,1} = (\boldsymbol{R}^1)^{-1}\boldsymbol{U}_{j_1\to i}^l \tag{2-28}$$

假设 v_i^1 是 $\boldsymbol{V}_i^1$ 的一个分量，那么就可以用式(2-24)～式(2-27)所示的逐级限制过程得到限制后的 $\tilde{v}_i^1$，不同的是式(2-28)仅使用了 2 个候选多项式，而式(2-25)和式(2-27)使用了 5 个候选多项式。在面 f_2,f_3,f_4 上分别进行上述操作，得到 $\tilde{v}_i^2,\tilde{v}_i^3,\tilde{v}_i^4$。然后将限制后的特征变量的多项式 $\widetilde{\boldsymbol{V}}_i^1,\widetilde{\boldsymbol{V}}_i^2,\widetilde{\boldsymbol{V}}_i^3,\widetilde{\boldsymbol{V}}_i^4$ 反投影回物理空间，得到

$$\widetilde{\boldsymbol{U}}_i^{l,m} = \boldsymbol{R}^m\widetilde{\boldsymbol{V}}_i^m, \quad m=1,2,3,4 \tag{2-29}$$

(2) 为了得到唯一的限制后多项式，对上一步得到的 4 个限制后的多项式的系数进行一次平均操作：

$$\tilde{u}_i^l = L(\tilde{u}_i^{l,1},\tilde{u}_i^{l,2},\tilde{u}_i^{l,3},\tilde{u}_i^{l,4}), \quad l=1,2,\cdots,9 \tag{2-30}$$

需要注意的是，为平等处理单元 i 的各个面，设定式(2-30)采用的 WBAP 限制函数的参数 $n=1$。

在上述特征限制过程中，在单元的每个面上，仅使用当前单元的初次重构多项式及该界面另一侧的邻单元的二次重构多项式作为候选多项式。而在 WBAP 的原始特征限制方案中[37]，在单元的每个界面上，使用当前单元的初次重构多项式及所有面相邻单元的二次重构多项式作为候选多项式。本书的特征限制方案，是对原始方案的一个简化，是受李万爱等[50]的 DG 方法 WENO 限制器工作的启发。这种简化处理，能够使整个限制器的计算效率大为提高。例如，对于单元面数目最多的六面体单元，简化方案界面上候选多项式个数为 2，原始方案为 7，特征限制方案的计算效率至少会提高 3.5 倍！

WBAP 限制器是一种保精度限制器，即便是对全场所有单元都进行限制，也不影响整体格式的精度阶数。但无论是基于守恒变量还是特征变量的限制过程，计算量都是很大的。因此引入间断探测器，在限制过程之前，提前识别出流场中存在间断的区域，然后仅对该区域用 WBAP 限制器进行限制，可以节约很多计算量。本书使用的间断探测器以如下的光滑因子来定义：

$$IS_i = \frac{\sum_j |u_i(\boldsymbol{x}_i) - u_j(\boldsymbol{x}_i)|}{N_j h_i^{(k+1)/2}\max(\bar{u}_j,\bar{u}_i)}, \quad j\in S_i, j\neq i \tag{2-31}$$

其中，N_j 是面相邻单元的个数。间断区域和光滑区域的判别基于如下的分析：

$$u_i(\boldsymbol{x}_i)-u_j(\boldsymbol{x}_i)=\begin{cases}O(h_i^{k+1}), & \text{光滑区}\\ O(1), & \text{间断附近}\end{cases} \tag{2-32}$$

当网格尺度 $h_i\to 0$，光滑区域 $IS_i\to 0$，间断附近区域 $IS_i\to +\infty$。所以本书的间断探测器定义如下：

$$IS_i<\bar{S}_{\text{dis}}=\begin{cases}\text{true}, & \text{光滑单元}\\ \text{false}, & \text{间断单元}\end{cases} \tag{2-33}$$

光滑因子的阈值 $\bar{S}_{\text{dis}}$，对二阶和三阶精度格式取值为 1，四阶格式取值为 3。光滑因子阈值是与流动问题无关的，这是该探测器的一个优良性质。

在限制过程完成后，得到了限制后的基本无振荡的守恒变量重构多项式：

$$\widetilde{\boldsymbol{U}}_i(\boldsymbol{x})=\bar{\boldsymbol{U}}_i+\sum_{l=1}^{N_c(k)}\widetilde{\boldsymbol{U}}_i^l\varphi_{l,i}(\boldsymbol{x}) \tag{2-34}$$

将使用式(2-34)表示的限制后的重构多项式用于数值通量的计算。

2.2.3 数值通量

本节描述已知控制体上物理量的多项式分布时，求解式(2-9)的单元界面上的通量积分的过程。用高斯数值积分来计算网格界面上的通量积分：

$$\oint_{\partial\Omega_i}\boldsymbol{F}\cdot\boldsymbol{n}\,\mathrm{d}S=\sum_{f\in\partial\Omega_i}\int_f\boldsymbol{F}\cdot\boldsymbol{n}\,\mathrm{d}S\approx\sum_{f\in\partial\Omega_i}\sum_{g=1}^{N_G(f)}\omega_g\widetilde{\boldsymbol{F}}(\boldsymbol{x}_{g,f})\cdot\boldsymbol{n}S_f \tag{2-35}$$

其中，$N_G(f)$是界面 f 的高斯点个数，S_f 是 f 的面积，ω_g 是第 g 个高斯积分点的权重，$\boldsymbol{n}$ 是指向单元 i 外侧的单位法向量。通量 $\boldsymbol{F}\cdot\boldsymbol{n}$ 由两部分组成：

$$\boldsymbol{F}\cdot\boldsymbol{n}=\boldsymbol{F}_{\text{inv}}-\boldsymbol{F}_{\text{vis}} \tag{2-36}$$

其中，$\boldsymbol{F}_{\text{inv}}=(\boldsymbol{F},\boldsymbol{G},\boldsymbol{H})\cdot\boldsymbol{n}$ 是无黏通量，$\boldsymbol{F}_{\text{vis}}=(\boldsymbol{F}_v,\boldsymbol{G}_v,\boldsymbol{H}_v)\cdot\boldsymbol{n}$ 是黏性通量，因二者具有不同的物理特性而常常采用不同的求解器进行计算。用 $\widetilde{\boldsymbol{F}}_{\text{inv}}(\boldsymbol{U}_{\text{L}},\boldsymbol{U}_{\text{R}},\boldsymbol{n})$表示无黏数值通量求解器，用 $\widetilde{\boldsymbol{F}}_{\text{vis}}(\boldsymbol{U}_{\text{L}},\nabla\boldsymbol{U}_{\text{L}},\boldsymbol{U}_{\text{R}},\nabla\boldsymbol{U}_{\text{R}},\boldsymbol{n})$表示黏性数值通量求解器，式中的 L，R 分别代表左、右状态，以法向量 $\boldsymbol{n}$ 从 L 指向 R 为准确定。例如，对于式(2-35)来说，记 j 是与单元 i 共享界面 f 的邻单元，由于 $\boldsymbol{n}$ 从 i 指向 j，因此：

$$\begin{aligned}\boldsymbol{U}_{\text{L}}&=\boldsymbol{U}_i(\boldsymbol{x}_{g,f}), & \nabla\boldsymbol{U}_{\text{L}}&=\nabla\boldsymbol{U}_i(\boldsymbol{x}_{g,f})\\ \boldsymbol{U}_{\text{R}}&=\boldsymbol{U}_j(\boldsymbol{x}_{g,f}), & \nabla\boldsymbol{U}_{\text{R}}&=\nabla\boldsymbol{U}_j(\boldsymbol{x}_{g,f})\end{aligned} \tag{2-37}$$

数值通量 $\widetilde{\boldsymbol{F}}$ 为

$$\widetilde{\boldsymbol{F}}(\boldsymbol{x}_{g,f}) \cdot \boldsymbol{n} = \widetilde{\boldsymbol{F}}_{\text{inv}}(\boldsymbol{U}_{\text{L}}, \boldsymbol{U}_{\text{R}}, \boldsymbol{n}) - \widetilde{\boldsymbol{F}}_{\text{vis}}(\boldsymbol{U}_{\text{L}}, \nabla \boldsymbol{U}_{\text{L}}, \boldsymbol{U}_{\text{R}}, \nabla \boldsymbol{U}_{\text{R}}, \boldsymbol{n}) \tag{2-38}$$

无黏数值通量已经有比较成熟的求解器。本书选用 Roe-Pike 黎曼求解器[104-105]：

$$\widetilde{\boldsymbol{F}}_{\text{inv}}(\boldsymbol{U}_{\text{L}}, \boldsymbol{U}_{\text{R}}, \boldsymbol{n}) = \frac{1}{2}[\boldsymbol{F}_{\text{inv}}(\boldsymbol{U}_{\text{L}}) + \boldsymbol{F}_{\text{inv}}(\boldsymbol{U}_{\text{R}})] - \frac{1}{2}\widetilde{\boldsymbol{R}} \, |\widetilde{\boldsymbol{\Lambda}}| \, \widetilde{\boldsymbol{L}}(\boldsymbol{U}_{\text{R}} - \boldsymbol{U}_{\text{L}}) \tag{2-39}$$

其中，$\widetilde{\boldsymbol{\Lambda}}$ 是采用 Roe 平均方法计算出的无黏通量 Jacobian 矩阵 $\widetilde{\boldsymbol{A}} = \partial \boldsymbol{F}_{\text{inv}} / \partial \boldsymbol{U}$ 的特征值组成的对角阵；$\widetilde{\boldsymbol{L}}, \widetilde{\boldsymbol{R}}$ 分别是 $\widetilde{\boldsymbol{A}}$ 的左、右特征向量矩阵。为避免 Roe-Pike 求解器在某些流动区域（如音速点附近）特征值过小，导致数值黏性不足而出现非物理解，本书使用 H-Entropy fix[106] 方法进行熵修正。

高精度的黏性通量求解方法是一个尚被不断发展和完善的技术。Gassner 等[64] 根据一维热传导方程的广义黎曼问题（diffusive generalized Riemann problem, dGRP）的精确解，导出了适用于有限体积和 DG 方法的扩散通量计算方法。Gassner 等[107] 将 dGRP 方法推广到求解多维 Navier-Stokes 方程的 DG 方法的黏性通量求解。仿照这个思路，本书将 dGRP 方法推广到多维 Navier-Stokes 方程的有限体积方法的黏性通量求解。

黏性通量求解器的形式为

$$\widetilde{\boldsymbol{F}}_{\text{vis}}(\boldsymbol{U}_{\text{L}}, \nabla \boldsymbol{U}_{\text{L}}, \boldsymbol{U}_{\text{R}}, \nabla \boldsymbol{U}_{\text{R}}, \boldsymbol{n}) = \boldsymbol{F}_{\text{vis}}(\tilde{q}, \nabla q, \boldsymbol{n}), \quad q = \rho, u, v, w, p, T \tag{2-40}$$

单元界面上的原始变量 $\tilde{q}$ 及其梯度 ∇q 通过如下几个步骤进行计算：

（1）取两侧原始变量的算术平均值作为单元界面原始变量值 $\tilde{q}$，即 $\tilde{q} = (q_{\text{L}} + q_{\text{R}})/2$；

（2）基于界面法向线性 dGRP 的解，计算单元界面上的守恒变量梯度：

$$\nabla \boldsymbol{U} = \frac{1}{2}(\nabla \boldsymbol{U}_{\text{L}} + \nabla \boldsymbol{U}_{\text{R}}) + \frac{1}{2\Delta \tilde{x}}(\boldsymbol{U}_{\text{R}} - \boldsymbol{U}_{\text{L}})\boldsymbol{n} \tag{2-41}$$

其中，$\Delta \tilde{x}$ 是特征尺度，按照 Hartmann 等[61] 的取法，

$$\Delta \tilde{x} = \frac{\min(\bar{\Omega}_{\text{L}}, \bar{\Omega}_{\text{R}})}{S_f} \tag{2-42}$$

式(2-41)的第二项是“惩罚项”，可以抑制非物理的“奇偶失联”模态。

(3) 根据求导的链规则,利用守恒变量梯度计算原始变量的梯度:

$$
\begin{cases}
\nabla u = \dfrac{1}{\tilde{\rho}^2}[\tilde{\rho}\ \nabla(\rho u) - \widetilde{\rho u}\ \nabla\rho] \\
\nabla v = \dfrac{1}{\tilde{\rho}^2}[\tilde{\rho}\ \nabla(\rho v) - \widetilde{\rho v}\ \nabla\rho] \\
\nabla w = \dfrac{1}{\tilde{\rho}^2}[\tilde{\rho}\ \nabla(\rho w) - \widetilde{\rho w}\ \nabla\rho] \\
\nabla p = (\gamma - 1)\left\{ \nabla E - \dfrac{1}{2}\left[\tilde{u}\ \nabla(\rho u) + \widetilde{\rho u}\ \nabla u + \right.\right. \\
\qquad \left.\left. \tilde{v}\ \nabla(\rho v) + \widetilde{\rho v}\ \nabla v + \tilde{w}\ \nabla(\rho w) + \widetilde{\rho w}\ \nabla w \right]\right\} \\
\nabla T = \dfrac{\gamma}{(\gamma - 1)C_p\tilde{\rho}^2}[\tilde{\rho}\ \nabla p - \tilde{p}\ \nabla\rho]
\end{cases}
\tag{2-43}
$$

上述黏性通量方法,尤其是界面上守恒变量的梯度计算公式(2-41),与常规的简单算术平均方法[41]相比有很大的改进,抑制了“奇偶失联”模态。另外,在计算包含间断的流动问题时,式(2-41)使用的左、右梯度值,是采用限制后的重构多项式计算得到的,即黏性通量计算一定是在限制过程之后。而使用算术平均计算守恒变量梯度的办法,需要在限制过程之前进行黏性通量计算,否则便会因限制后间断两侧梯度被抹平而不能反映真实的物理黏性。在限制过程之后计算黏性通量的一个优势是,无黏通量和黏性通量的计算可以放置在一个循环内进行,避免了高斯点上物理量的重复计算,可以显著提高计算效率。

近年来出现了许多使用“惩罚项”的有限体积格式的黏性通量计算方法[108-109],但其“惩罚项”的系数大多需要标定。本书的黏性通量计算方法的一个优势是,界面守恒变量的梯度计算公式是基于线性 dGRP 精确解导出的,“惩罚项”的系数是确定的,实施起来更为方便。

计算通量时要考虑物理边界条件。本书处理边界条件的思路是,用边界点所在单元的重构多项式分布计算出对应的内侧状态,然后根据具体边界条件的类型定出虚拟的外侧状态。有了内侧状态和外侧状态,就可以利用上面所介绍的数值通量求解器计算边界点的数值通量。下面的讨论中,假设在边界面上某高斯点,单位外法向量为 $\boldsymbol{n}$,内侧状态为($\rho_{\mathrm{L}}, u_{\mathrm{L}}, v_{\mathrm{L}}, w_{\mathrm{L}}, p_{\mathrm{L}}$),处理边界条件的目标就是给出虚拟状态($\rho_{\mathrm{R}}, u_{\mathrm{R}}, v_{\mathrm{R}}, w_{\mathrm{R}}, p_{\mathrm{R}}$)。本书参考文献[110],给出了不同类型物理边界条件的处理方法。

(1) 无黏固壁

无黏固壁的边界条件是不可穿透,即法向速度为零:

$$\boldsymbol{u}_b \cdot \boldsymbol{n} = 0 \tag{2-44}$$

虚拟状态按照镜面反射的方法给出:

$$\begin{cases} \rho_{\mathrm{R}} = \rho_{\mathrm{L}} \\ \boldsymbol{u}_{\mathrm{R}} = \boldsymbol{u}_{\mathrm{L}} - 2(\boldsymbol{u}_{\mathrm{L}} \cdot \boldsymbol{n})\boldsymbol{n} \\ p_{\mathrm{R}} = p_{\mathrm{L}} \end{cases} \tag{2-45}$$

(2) 无滑移绝热固壁

无滑移绝热固壁的边界条件是壁面速度为零,温度法向梯度为零:

$$\boldsymbol{u}_b = 0, \quad (\nabla T \cdot \boldsymbol{n})_b = 0 \tag{2-46}$$

虚拟状态为

$$\rho_{\mathrm{R}} = \rho_{\mathrm{L}}, \quad \boldsymbol{u}_{\mathrm{R}} = -\boldsymbol{u}_{\mathrm{L}}, \quad p_{\mathrm{R}} = p_{\mathrm{L}} \tag{2-47}$$

并需要对温度梯度进行修正:

$$(\nabla T)_b = (\nabla T)_b - (\nabla T \cdot \boldsymbol{n})_b \boldsymbol{n} \tag{2-48}$$

(3) 无滑移等温固壁

无滑移等温固壁的边界条件是壁面速度为零,温度为给定值 T_{wall}:

$$\boldsymbol{u}_b = 0, \quad T_b = T_{\mathrm{wall}} \tag{2-49}$$

虚拟状态为

$$\rho_{\mathrm{R}} = \frac{p_{\mathrm{L}}}{RT_{\mathrm{wall}}}, \quad \boldsymbol{u}_{\mathrm{R}} = -\boldsymbol{u}_{\mathrm{L}}, \quad p_{\mathrm{R}} = p_{\mathrm{L}} \tag{2-50}$$

(4) 远场边界,出口和入口边界

采用基于特征关系的边界条件处理方法,具体做法请参考文献[1]。

(5) 对称边界

对称边界的边界条件是对称面法向速度为零,虚拟状态的计算方法与无黏固壁相同。

2.3 时间积分

在求得了数值通量积分,即半离散有限体积格式(2-7)的右端项之后,半离散有限体积格式就成为了一个常微分方程组(2-10)。将所有单元的半离散方程集合成一个常微分方程组:

$$\frac{\partial \bar{\boldsymbol{U}}}{\partial t} = \boldsymbol{R} \tag{2-51}$$

其中，

$$\bar{\boldsymbol{U}}=\begin{pmatrix}\bar{\boldsymbol{U}}_1\\ \bar{\boldsymbol{U}}_2\\ \vdots\\ \bar{\boldsymbol{U}}_N\end{pmatrix},\quad \boldsymbol{R}=\begin{pmatrix}\boldsymbol{R}_1\\ \boldsymbol{R}_2\\ \vdots\\ \boldsymbol{R}_N\end{pmatrix} \tag{2-52}$$

将式(2-51)在时间方向上进行积分就可以对守恒变量单元平均值进行更新。时间积分方法有两种，显式时间积分和隐式时间积分。

在进行时间积分之前，需要先计算出时间步长。假设当前所处的物理时刻为 $t=t_n$，到下一个物理时刻 t_{n+1} 的时间间隔为 Δt。局部时间步长的计算方法为

$$\Delta t_i=\mathrm{CFL}\frac{\bar{\Omega}_i}{\sum\limits_{f\in\partial\Omega_i}\lambda_{c,f}S_f+2\lambda_{v,f}S_f^2/\bar{\Omega}_i} \tag{2-53}$$

谱半径 $\lambda_{c,f}$ 和对角化黏性扩散系数 $\lambda_{v,f}$ 的定义为

$$\begin{cases}\lambda_{c,f}=|\boldsymbol{u}_f\cdot\boldsymbol{n}_f|+c_f, & c_f=\sqrt{\gamma p_f/\rho_f}\\ \lambda_{v,f}=\dfrac{\mu}{\rho_f}\max\left(\dfrac{4}{3},\dfrac{\gamma}{Pr}\right)\end{cases} \tag{2-54}$$

上述计算中用到的界面上的原始变量，采用界面两侧单元平均值对应的原始变量的算术平均。

显式时间积分方法的稳定性要求是 CFL 数有界(通常取上界为 1)。全局时间步长取所有单元的局部时间步长的最小值，即

$$\Delta t=\min_i(\Delta t_i) \tag{2-55}$$

由于 CFL 数的限制，网格尺度越小，时间步长越小。在流动变化剧烈的区域，如边界层内部或者激波附近，通常要进行网格加密。而当计算网格较密，或者网格尺度在流场的不同区域变化较大时，显式时间积分方法因时间步长受限而计算效率变差。CFL 数受限，是显式时间积分方法的主要缺点。

隐式时间积分方法具有较好的稳定性，对时间步长的选取不太敏感，可以采用比较大的时间步长，提高计算效率。对非定常流动问题，本书采用的隐式时间积分方法是双时间步方法，虚拟(局部)时间步长采用式(2-53)计算，而物理(全局)时间步长通常根据流动的时间尺度给定一个固定值。对定常流动问题，隐式时间积分只需要虚拟(局部)时间步长。

需要说明的是，对于非定常流动问题，有限体积格式的精度阶数，等于空间离散精度阶数和时间积分精度阶数的最小值。本书主要发展三阶和四阶精度的有限体积方法，为了使整体格式达到高阶精度，需要采用三阶和四阶精度的时间积分方法。

2.3.1　显式时间积分

最常用的显式时间积分方法为多步 Runnge-Kutta(RK)方法。本书采用具有 TVD 性质的三阶精度 RK 方法[111]：

$$\begin{cases}\bar{\boldsymbol{U}}^{(1)}=\bar{\boldsymbol{U}}^{n}+\Delta t\boldsymbol{R}(\bar{\boldsymbol{U}}^{n})\\ \bar{\boldsymbol{U}}^{(2)}=\dfrac{3}{4}\bar{\boldsymbol{U}}^{n}+\dfrac{1}{4}[\bar{\boldsymbol{U}}^{(1)}+\Delta t\boldsymbol{R}(\bar{\boldsymbol{U}}^{(1)})]\\ \bar{\boldsymbol{U}}^{n+1}=\dfrac{1}{3}\bar{\boldsymbol{U}}^{n}+\dfrac{2}{3}[\bar{\boldsymbol{U}}^{(2)}+\Delta t\boldsymbol{R}(\bar{\boldsymbol{U}}^{(2)})]\end{cases}\tag{2-56}$$

以及四阶精度的 RK 方法[112]：

$$\begin{cases}\bar{\boldsymbol{U}}^{(1)}=\bar{\boldsymbol{U}}^{n}+\dfrac{\Delta t}{2}\boldsymbol{R}(\bar{\boldsymbol{U}}^{n})\\ \bar{\boldsymbol{U}}^{(2)}=\bar{\boldsymbol{U}}^{n}+\dfrac{\Delta t}{2}\boldsymbol{R}(\bar{\boldsymbol{U}}^{(1)})\\ \bar{\boldsymbol{U}}^{(3)}=\bar{\boldsymbol{U}}^{n}+\Delta t\boldsymbol{R}(\bar{\boldsymbol{U}}^{(2)})\\ \bar{\boldsymbol{U}}^{n+1}=\bar{\boldsymbol{U}}^{n}+\dfrac{\Delta t}{6}[\boldsymbol{R}(\bar{\boldsymbol{U}}^{n})+2\boldsymbol{R}(\bar{\boldsymbol{U}}^{(1)})+2\boldsymbol{R}(\bar{\boldsymbol{U}}^{(2)})+\boldsymbol{R}(\bar{\boldsymbol{U}}^{(3)})]\end{cases}\tag{2-57}$$

2.3.2　隐式时间积分

先以比较简单的定常流动问题的隐式时间积分为例介绍隐式时间积分方法的基本思想。定常流动问题的收敛解不随物理时间变化，因此半离散方程组为

$$0=\boldsymbol{R}(\boldsymbol{U})\tag{2-58}$$

为了改善上述方程组的对角占优性质，引入虚拟时间变量 τ，在方程组左端添加一个虚拟时间导数项：

$$\frac{\partial\bar{\boldsymbol{U}}}{\partial\tau}=\boldsymbol{R}(\bar{\boldsymbol{U}})\tag{2-59}$$

由于虚拟时间导数项不影响收敛结果的精度，可用最简单的一阶向后差分格式对其进行离散。在第 m 个虚拟时间步，式(2-59)被离散为

$$\frac{\bar{\boldsymbol{U}}^{m+1}-\bar{\boldsymbol{U}}^{m}}{\Delta\tau}=\boldsymbol{R}(\bar{\boldsymbol{U}}^{m+1}) \tag{2-60}$$

将上式右端项线性化：

$$\begin{cases}\boldsymbol{R}(\bar{\boldsymbol{U}}^{m+1})=\boldsymbol{R}(\bar{\boldsymbol{U}}^{m})+\dfrac{\partial \boldsymbol{R}}{\partial \bar{\boldsymbol{U}}}\Delta\bar{\boldsymbol{U}}^{m}\\ \Delta\bar{\boldsymbol{U}}^{m}=\bar{\boldsymbol{U}}^{m+1}-\bar{\boldsymbol{U}}^{m}\end{cases} \tag{2-61}$$

将式(2-61)代入式(2-60)，得到线性方程组：

$$\left(\frac{1}{\Delta\tau}-\frac{\partial \boldsymbol{R}}{\partial \bar{\boldsymbol{U}}}\right)\Delta\bar{\boldsymbol{U}}^{m}=\boldsymbol{R}(\bar{\boldsymbol{U}}^{m}) \tag{2-62}$$

为了计算通量 Jacobian 矩阵，用一阶（假设界面两侧单元上守恒变量都是常数）Lax 公式来近似数值通量：

$$\begin{aligned}\boldsymbol{R}_i&=-\frac{1}{\bar{\Omega}_i}\sum_{j\in N_i}\boldsymbol{F}\cdot\boldsymbol{n}_{ij}S_{ij}\\&\approx-\frac{1}{\bar{\Omega}_i}\sum_{j\in N_i}\frac{1}{2}[\boldsymbol{F}_{\text{inv}}(\bar{\boldsymbol{U}}_i)+\boldsymbol{F}_{\text{inv}}(\bar{\boldsymbol{U}}_j)-\lambda_{ij}(\bar{\boldsymbol{U}}_j-\bar{\boldsymbol{U}}_i)]S_{ij}\end{aligned} \tag{2-63}$$

其中，N_i 是单元 i 的面相邻单元的集合，界面上的谱半径为

$$\lambda_{ij}=\lambda_{c,ij}+\lambda_{v,ij}S_{ij}\left(\frac{1}{\bar{\Omega}_i}+\frac{1}{\bar{\Omega}_j}\right) \tag{2-64}$$

通量 Jacobian 矩阵为

$$\begin{cases}\dfrac{\partial \boldsymbol{R}_i}{\partial \bar{\boldsymbol{U}}_i}=-\dfrac{1}{\bar{\Omega}_i}\displaystyle\sum_{j\in N_i}\frac{1}{2}\left[\frac{\partial \boldsymbol{F}_{\text{inv}}(\bar{\boldsymbol{U}}_i)}{\partial \bar{\boldsymbol{U}}_i}+\lambda_{ij}\right]S_{ij}=-\frac{1}{\bar{\Omega}_i}\sum_{j\in N_i}\frac{1}{2}\lambda_{ij}S_{ij}\\ \dfrac{\partial \boldsymbol{R}_i}{\partial \bar{\boldsymbol{U}}_j}=-\dfrac{1}{\bar{\Omega}_i}\dfrac{1}{2}\left[\dfrac{\partial \boldsymbol{F}_{\text{inv}}(\bar{\boldsymbol{U}}_j)}{\partial \bar{\boldsymbol{U}}_j}-\lambda_{ij}\right]S_{ij}\end{cases} \tag{2-65}$$

至此，可以导出式(2-62)在单个控制体上的最终求解形式：

$$\left(\frac{\bar{\Omega}_i}{\Delta\tau_i}+\sum_{j\in N_i}\frac{S_{ij}\lambda_{ij}}{2}\right)\Delta\bar{\boldsymbol{U}}_i^m+\sum_{j\in N_i}\frac{S_{ij}}{2}\left(\frac{\partial \boldsymbol{F}_{\text{inv}}(\bar{\boldsymbol{U}}_j)}{\partial \bar{\boldsymbol{U}}_j}-\lambda_{ij}\right)\Delta\bar{\boldsymbol{U}}_j^m=\bar{\Omega}_i\boldsymbol{R}_i(\bar{\boldsymbol{U}}^m) \tag{2-66}$$

在计算方程左端时，采用下面的无矩阵化操作来避免邻单元的通量 Jacobian 矩阵的计算：

$$\frac{\partial \boldsymbol{F}_{\text{inv}}(\bar{\boldsymbol{U}}_j)}{\partial \bar{\boldsymbol{U}}_j}\Delta\bar{\boldsymbol{U}}_j^m\approx\Delta\boldsymbol{F}_{\text{inv}}(\bar{\boldsymbol{U}}_j)=\boldsymbol{F}_{\text{inv}}(\bar{\boldsymbol{U}}_j^m+\Delta\bar{\boldsymbol{U}}_j^m)-\boldsymbol{F}_{\text{inv}}(\bar{\boldsymbol{U}}_j^m) \tag{2-67}$$

在完成对定常问题的半离散格式的隐式离散之后，剩下的问题就是如何求解线性方程组(2-66)。本书给出两种求解器：无矩阵化的 LU-SGS[40] 和 GMRES+LU-SGS[40]。

LU-SGS 包含两个对称的扫描过程。按照单元编号从小到大的正向扫描：

$$\Delta\bar{\boldsymbol{U}}_i^{m,*} = \left[\bar{\Omega}_i \boldsymbol{R}_i(\bar{\boldsymbol{U}}^m) - \sum_{j\in N_i, j<i} \frac{S_{ij}}{2}\left(\frac{\partial \boldsymbol{F}_{\text{inv}}(\bar{\boldsymbol{U}}_j)}{\partial \bar{\boldsymbol{U}}_j} - \lambda_{ij}\right)\Delta\bar{\boldsymbol{U}}_j^{m,*}\right] \Big/ \left(\frac{\bar{\Omega}_i}{\Delta\tau_i} + \sum_{j\in N_i}\frac{S_{ij}\lambda_{ij}}{2}\right) \tag{2-68}$$

按照单元编号从大到小的反向扫描：

$$\Delta\bar{\boldsymbol{U}}_i^{m} = \Delta\bar{\boldsymbol{U}}_i^{m,*} - \sum_{j\in N_i, j>i} \frac{S_{ij}}{2}\left(\frac{\partial \boldsymbol{F}_{\text{inv}}(\bar{\boldsymbol{U}}_j)}{\partial \bar{\boldsymbol{U}}_j} - \lambda_{ij}\right)\Delta\bar{\boldsymbol{U}}_j^{m} \Big/ \left(\frac{\bar{\Omega}_i}{\Delta\tau_i} + \sum_{j\in N_i}\frac{S_{ij}\lambda_{ij}}{2}\right) \tag{2-69}$$

GMRES+LU-SGS 是用 LU-SGS 做预处理器的 GMRES 求解器。具体实施算法和参数设定可参考文献[40]。GMRES 是一种 Krylov 子空间算法，收敛速度快于 LU-SGS，但是其每个时间步的计算量大于 LU-SGS。本书的测试结果表明，对于定常问题，迭代步数较多，GMRES+LU-SGS 求解器能够发挥收敛速度快的优势，达到收敛状态所用的 CPU 时间更少，效率更高，因此在计算定常问题时采用 GMRES+LU-SGS 求解器。

上述两种求解器的优点是可以做到完全无矩阵化，内存开销小。

对于非定常流动问题，采用多步隐式 Runge-Kutta 方法进行高精度的隐式时间积分。本书采用三步、四阶精度的 SDIRK4 方法[113]：

$$\frac{\bar{\boldsymbol{U}}^{n+1} - \bar{\boldsymbol{U}}^n}{\Delta t} = \sum_{\alpha=1}^{3} \boldsymbol{b}_\alpha \boldsymbol{R}(\bar{\boldsymbol{U}}^{(\alpha)}) \tag{2-70}$$

其中，

$$\frac{\bar{\boldsymbol{U}}^{(\alpha)} - \bar{\boldsymbol{U}}^n}{\Delta t} = \sum_{\beta=1}^{\alpha} \boldsymbol{a}_{\alpha\beta} \boldsymbol{R}(\bar{\boldsymbol{U}}^{(\beta)}) \tag{2-71}$$

矩阵 $\boldsymbol{a}$ 和向量 $\boldsymbol{b}$ 的各元素的值见表 2.1。其中，$\zeta=0.128\,886\,400\,515$。

表 2.1　三步四阶 SDIRK4 方法的 Butcher 表

ζ	0	0	ζ
$1/2-\zeta$	ζ	0	$1/2$
2ζ	$1-4\zeta$	ζ	$1-\zeta$
$1/6/(2\zeta-1)^2$	$(4\zeta^2-4\zeta+2/3)/(2\zeta-1)^2$	$1/6/(2\zeta-1)^2$	

实施隐式 Runge-Kutta 格式最关键的是求解每一个子步的方程(2-71)。本书用双时间步方法求解式(2-71)。所谓“双时间步”法，即方程除了包含对物理时间的导数，像处理定常流动问题那样，也引入了对虚拟时间的导数。对右端项进行线化之后，式(2-71)变为

$$\left(\frac{1}{\Delta t}+\frac{1}{\Delta \tau}-\boldsymbol{a}_{\alpha\alpha}\frac{\partial \boldsymbol{R}}{\partial \bar{\boldsymbol{U}}}\right)\Delta \bar{\boldsymbol{U}}^{m}=\boldsymbol{R}_{t} \tag{2-72}$$

其中，

$$\Delta \bar{\boldsymbol{U}}^{m}=\bar{\boldsymbol{U}}^{m+1}-\bar{\boldsymbol{U}}^{m},$$

$$\boldsymbol{R}_{t}=\frac{1}{\Delta t}(\bar{\boldsymbol{U}}^{n}-\bar{\boldsymbol{U}}^{m})+\boldsymbol{a}_{\alpha\alpha}\boldsymbol{R}(\bar{\boldsymbol{U}}^{m})+\sum_{\beta=1}^{\alpha-1}\boldsymbol{a}_{\alpha\beta}\boldsymbol{R}(\bar{\boldsymbol{U}}^{(\beta)}) \tag{2-73}$$

接着，可以将式(2-63)～式(2-65)的通量 Jacobian 矩阵的近似求解方法引入到式(2-72)，得到隐式 Runge-Kutta 第 α 个子步的线性方程组：

$$\left(\frac{\bar{\Omega}_i}{\Delta \tau_i}+\frac{\bar{\Omega}_i}{\Delta t}+\boldsymbol{a}_{\alpha\alpha}\sum_{j\in N_i}\frac{S_{ij}\lambda_{ij}}{2}\right)\Delta\bar{\boldsymbol{U}}_i^{m}+\boldsymbol{a}_{\alpha\alpha}\sum_{j\in N_i}\frac{S_{ij}}{2}\left(\frac{\partial \boldsymbol{F}_{\mathrm{inv}}(\bar{\boldsymbol{U}}_j)}{\partial \bar{\boldsymbol{U}}_j}-\lambda_{ij}\right)\Delta\bar{\boldsymbol{U}}_j^{m}=\bar{\Omega}_i\boldsymbol{R}_t(\bar{\boldsymbol{U}}^{m}) \tag{2-74}$$

可以使用 LU-SGS 和 GMRES＋LU-SGS 方法迭代求解式(2-74)，这个迭代过程称为“内迭代”。内迭代的收敛解即为 $\bar{\boldsymbol{U}}^{(\alpha)}$。

从上述离散过程可以看出，非定常问题多步隐式 Runge-Kutta 方法的每个子步，都相当于一个定常问题。定常问题的迭代求解器可以很方便地应用于非定常问题。

2.4　本章小结

本章介绍了采用非结构网格高精度有限体积方法求解可压缩流动问题的基本框架。本书对计算框架中的诸多环节进行了完善，总结如下：

(1) 简化了 WBAP 特征限制过程。本书的简化特征限制过程中，在单元的每个面上，只将中心单元的重构多项式及共享这个界面的邻单元的二次重构多项式投影到特征空间并进行限制，大大减小了限制过程的计算量，提高了计算效率。

(2) 提出了高效的高精度黏性通量计算方法。本书基于线性 dGRP 的精确解，导出了界面上守恒变量梯度的计算公式。这个计算公式包含“惩罚项”，可以抑制非物理的“奇偶失联”模态。在计算包含间断的流动时，使用限制后的梯度值，可以使无黏通量和黏性通量的计算在一个循环中进行，提

高了计算效率。

(3) 采用高精度的显/隐式 Runge-Kutta 方法，保证了时间积分的高精度。对于隐式 Runge-Kutta 的内迭代过程，除常用的无矩阵化 LU-SGS 求解器外，增加了无矩阵化的 GMRES＋LU-SGS 求解器，加速了定常流动问题的收敛。

第3章　紧致最小二乘有限体积方法

重构模板巨大已经成为非结构网格高精度有限体积方法的瓶颈，它会造成一系列的问题，如模板单元和中心单元的编号差距大，降低CPU缓存利用率；并行计算时，进程之间传递的数据量大，通信时间长，降低并行效率；在边界处，模板的偏心化严重，加大重构的奇异性。本章的目标就是发展一种模板紧致的非结构网格高精度重构方法，克服传统重构方法模板巨大的缺陷。

为了更好地阐述紧致重构的思想，首先回顾一下传统的非结构网格高精度有限体积方法的重构格式。传统的非结构网格高精度重构主要包括k-exact重构和WENO重构。k-exact重构的基本过程，是使中心单元的重构多项式在邻单元上守恒，即中心单元重构多项式在邻单元上的平均值等于邻单元自身的平均值，来构造求解重构多项式待定系数的线性方程组。每个邻单元只提供一个线性方程，因而线性方程的总数等于重构模板中邻单元的个数。因此要确定高阶重构多项式的待定系数，模板中邻单元的个数必须不少于重构多项式的待定系数的个数。高阶重构多项式的待定系数，尤其在多维情况下是非常多的。比如，三维的三次重构多项式有19个待定系数，四次重构多项式有34个待定系数。因为模板单元数目必须不少于待定系数个数，所以高阶重构模板规模很大。另外，为了避免k-exact重构矩阵的奇异性，常常增加模板单元数目，在最小二乘意义下求解重构线性方程组[20]。模板单元越多，k-exact重构越稳定，但会加剧重构模板巨大的问题。

WENO重构的基本过程是先构造一组候选多项式，然后对这些候选多项式进行非线性加权平均，以得到基本无振荡的高阶重构多项式。比较稳定的WENO格式是同阶加权WENO格式[20-21]，即几个阶次相同的候选多项式加权平均出一个同一阶次的多项式。而候选多项式的构造，则是通过一系列的偏心模板上的k-exact重构实现的。因此，阶次相同时，WENO重构的模板比k-exact重构还要巨大。

为了克服传统重构模板巨大的缺陷，本书提出了能够在紧致模板上达到任意高阶精度的紧致最小二乘(compact least-squares,CLS)重构。使用CLS重构的有限体积方法称为“紧致最小二乘有限体积(compact least-squares finite volume,CLSFV)方法”。CLS重构的基本思想是构造重构方程时,令中心单元的重构多项式及其各阶导数在邻单元上守恒。相比于k-exact重构,CLS重构中各阶导数的守恒,能够提供额外的重构关系式,因而CLS重构能够使用更小的模板来构造足够多的线性方程。对于k次多项式重构,有$N_c(k)$个待定系数。假设单元i的紧致重构模板中包含N_i个面相邻单元,如果要求重构多项式和所有阶次的导数都在面相邻单元上守恒,那么总共可以获得的线性方程的个数是$[N_c(k)+1]\cdot N_i$,远远多于待定系数的个数。在CLS重构的实施过程中,一般要求重构多项式及其1～$(k-1)$阶导数守恒,这样导出的重构方程组是超定的,用最小二乘方法求解。

在一维情况下,可以将所有单元的法方程组装成一个块三对角方程组,用直接法求解。但是在多维非结构网格上,将所有单元的法方程组装起来,构成的是一个大型稀疏线性方程组,用直接法和迭代法求解计算量都很大。为此,为多维CLSFV方法设计了一个高效的“重构和时间推进耦合迭代方案”。

本章的研究首先在一维情形下描述了CLS重构的基本思想,并对CLS重构的谱特性和稳定性进行了分析。然后给出了多维CLS重构的基本方程,导出其对应的大型稀疏线性方程组。为了高效地求解这个方程组,提出了重构和时间推进耦合迭代方案。最后,通过大量Euler方程的数值算例来证明CLSFV方法的高精度、高效率、强激波捕捉能力和适应复杂几何形状的能力。

3.1　一维紧致最小二乘重构

这一节描述CLS重构的基本原理和具体公式,沿用第2章的记号。一维控制体可表示为$\Omega_i \equiv [x_{i-1/2}, x_{i+1/2}]$,长度为$\Delta x_i = x_{i+1/2} - x_{i-1/2}$,中心点为$x_i = (x_{i+1/2} + x_{i-1/2})/2$。

考虑对函数$u(x)$的重构。有限体积方法的重构,即是已知当前时刻计算域上所有单元的平均值

$$\bar{u}_j = \frac{1}{\Delta x_j}\int_{\Omega_j} u(x)\mathrm{d}x, \quad j = 1, 2, \cdots, N \tag{3-1}$$

求出u在计算域上的一个分片连续的k次多项式分布,即在任意一个单元

i 上，用如下的 k 次多项式

$$u_i(x)=\bar{u}_i+\sum_{l=1}^{k}u_i^l\varphi_{l,i}(x) \tag{3-2}$$

逼近 u 在单元 i 上的分布。u_i^l 是待定系数，共有 k 个。$\varphi_{l,i}(x)$ 是零均值基函数，定义为

$$\begin{aligned}&\varphi_{l,i}(x)=(\delta x_i)^l-\overline{(\delta x_i)^l},\\&\overline{(\delta x_i)^l}=\frac{1}{\Delta x_i}\int_{I_i}(\delta x_i)^l\mathrm{d}x,\quad \delta x_i=(x-x_i)/\Delta x_i\end{aligned} \tag{3-3}$$

零均值基函数的使用，能够保证重构多项式的守恒性，即

$$\frac{1}{\Delta x_i}\int_{\Omega_i}u_i(x)\mathrm{d}x=\bar{u}_i \tag{3-4}$$

重构的具体目标就是确定待定系数 $u_i^l, l=1,2,\cdots,k$。

对于充分光滑的函数分布 $u(x)$，传统的高精度重构方法（如 k-exact 和 WENO）通过使中心单元 i 上的重构多项式 $u_i(x)$ 在 i 单元的相邻单元上守恒来构造方程求解 $u_i^l, l=1,2,\cdots,k$。具体地说，对模板 S_i 中的每个邻单元 j，$u_i(x)$ 在 Ω_j 上的守恒可用如下方程表示：

$$\frac{1}{\Delta x_j}\int_{\Omega_j}u_i(x)\mathrm{d}x=\bar{u}_i+\sum_{l=1}^{k}u_i^l\left(\frac{1}{\Delta x_j}\int_{\Omega_j}\varphi_{l,i}(x)\mathrm{d}x\right)=\bar{u}_j \tag{3-5}$$

如果模板 S_i 中包含 n_i 个邻单元，那么可以根据式(3-5)得到 n_i 个线性方程。一般选择模板时要求 $n_i>k$，线性方程组是超定的，用最小二乘方法求解。这种重构方法存在的最大问题是，模板 S_i 中的单元数目随着重构阶次 k 的提高而增加，这样会导致高阶重构的模板巨大，造成缓存利用率低、并行效率低、边界单元重构矩阵奇异性强等问题。重构模板巨大已经成为传统高精度有限体积方法的瓶颈。

为了解决这个问题，本书提出了能够在只包含本单元及面相邻单元的紧致模板 $S_i=\{i-1,i,i+1\}$（如图 3.1 所示）上达到任意高阶精度的 CLS 重构。

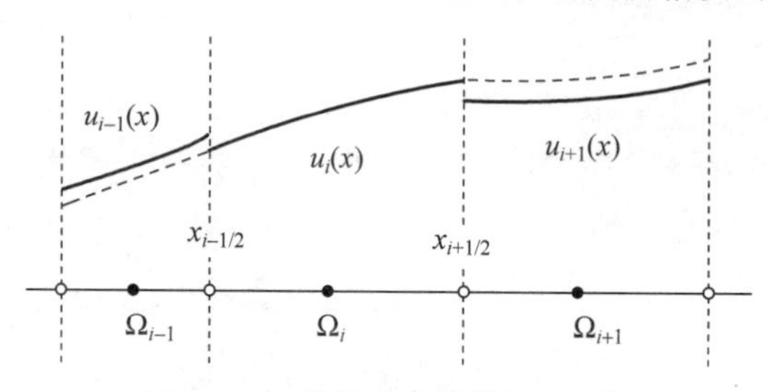

图 3.1　一维紧致重构模板示意图

下面介绍CLS重构的基本原理。CLS重构不仅要求中心单元i上的重构多项式$u_i(x)$在邻单元j上守恒，还要求$u_i(x)$的1～M阶导数在单元j上守恒，即

$$\frac{1}{\Delta x_j}\int_{\Omega_j}\frac{\partial^m u_i(x)}{\partial x^m}\mathrm{d}x=\frac{1}{\Delta x_j}\int_{\Omega_j}\frac{\partial^m u_j(x)}{\partial x^m}\mathrm{d}x,\quad 0\leqslant m\leqslant M,\quad \forall j\in S_i,\quad j\neq i \tag{3-6}$$

其中，$M\leqslant k$。将式(3-2)代入式(3-6)，得到如下线性方程：

$$\sum_{l=1}^{k}u_i^l\left(\frac{1}{\Delta x_j}\int_{\Omega_j}\frac{\partial^m\varphi_{l,i}(x)}{\partial x^m}\mathrm{d}x\right)=\delta_m^0(\bar{u}_j-\bar{u}_i)+\sum_{l=1}^{k}u_j^l\left(\frac{1}{\Delta x_j}\int_{\Omega_j}\frac{\partial^m\varphi_{l,j}(x)}{\partial x^m}\mathrm{d}x\right),\quad 0\leqslant m\leqslant M \tag{3-7}$$

将待定系数组装成一个向量$\boldsymbol{u}_i=(u_i^1,u_i^2,\cdots,u_i^k)^{\mathrm{T}}$，将方程(3-7)改写为

$$\boldsymbol{A}_j^i\boldsymbol{u}_i=\boldsymbol{B}_j^i\boldsymbol{u}_j+\boldsymbol{b}_j^i \tag{3-8}$$

其中，

$$\begin{cases}(\boldsymbol{A}_j^i)_{ml}=\dfrac{1}{\Delta x_j}\displaystyle\int_{\Omega_j}\frac{\partial^m\varphi_{l,i}(x)}{\partial x^m}\mathrm{d}x, & 0\leqslant m\leqslant M,\quad 1\leqslant l\leqslant k\\ (\boldsymbol{B}_j^i)_{ml}=\dfrac{1}{\Delta x_j}\displaystyle\int_{\Omega_j}\frac{\partial^m\varphi_{l,j}(x)}{\partial x^m}\mathrm{d}x, & 0\leqslant m\leqslant M,\quad 1\leqslant l\leqslant k\\ (\boldsymbol{b}_j^i)_m=\delta_m^0(\bar{u}_j-\bar{u}_i), & 0\leqslant m\leqslant M\end{cases} \tag{3-9}$$

将j取遍$i-1$和$i+1$，得

$$\boldsymbol{A}_{i-1}^i\boldsymbol{u}_i=\boldsymbol{B}_{i-1}^i\boldsymbol{u}_{i-1}+\boldsymbol{b}_{i-1}^i \tag{3-10}$$

以及

$$\boldsymbol{A}_{i+1}^i\boldsymbol{u}_i=\boldsymbol{B}_{i+1}^i\boldsymbol{u}_{i+1}+\boldsymbol{b}_{i+1}^i \tag{3-11}$$

将上述两个方程组组装起来，得到重构线性方程组的矩阵形式：

$$\boldsymbol{A}_i\boldsymbol{u}_i=\boldsymbol{B}_{i-1}\boldsymbol{u}_{i-1}+\boldsymbol{B}_{i+1}\boldsymbol{u}_{i+1}+\boldsymbol{b}_i \tag{3-12}$$

其中，

$$\boldsymbol{A}_i=\begin{pmatrix}\boldsymbol{A}_{i-1}^i\\ \boldsymbol{A}_{i+1}^i\end{pmatrix},\quad \boldsymbol{B}_{i-1}=\begin{pmatrix}\boldsymbol{B}_{i-1}^i\\ \boldsymbol{0}\end{pmatrix},\quad \boldsymbol{B}_{i+1}=\begin{pmatrix}\boldsymbol{0}\\ \boldsymbol{B}_{i+1}^i\end{pmatrix},\quad \boldsymbol{b}_i=\begin{pmatrix}\boldsymbol{b}_{i-1}^i\\ \boldsymbol{b}_{i+1}^i\end{pmatrix} \tag{3-13}$$

由于$\boldsymbol{u}_i$，$\boldsymbol{u}_{i-1}$和$\boldsymbol{u}_{i+1}$都是未知的，所以式(3-12)是一个隐式方程组，CLS重构是一种隐式重构。

式(3-12)的线性方程的总数是$2(M+1)$，按照方程个数不少于未知量个数的要求，$M\geqslant k/2-1$。本书在实施CLS重构时，选取$M=k-1$，所以

方程总数是 $2k$,即方程个数是未知量个数的两倍,因此方程组(3-12)是超定的,用最小二乘法求解。方程组(3-12)的法方程为

$$(\boldsymbol{A}_i^{\mathrm{T}}\boldsymbol{A}_i)\boldsymbol{u}_i=(\boldsymbol{A}_i^{\mathrm{T}}\boldsymbol{B}_{i-1})\boldsymbol{u}_{i-1}+(\boldsymbol{A}_i^{\mathrm{T}}\boldsymbol{B}_{i+1})\boldsymbol{u}_{i+1}+\boldsymbol{A}_i^{\mathrm{T}}\boldsymbol{b}_i \tag{3-14}$$

如果定义

$$\boldsymbol{D}_i=\boldsymbol{A}_i^{\mathrm{T}}\boldsymbol{A}_i,\quad \boldsymbol{E}_i=-\boldsymbol{A}_i^{\mathrm{T}}\boldsymbol{B}_{i-1},\quad \boldsymbol{F}_i=-\boldsymbol{A}_i^{\mathrm{T}}\boldsymbol{B}_{i+1},\quad \boldsymbol{g}_i=\boldsymbol{A}_i^{\mathrm{T}}\boldsymbol{b}_i \tag{3-15}$$

并代入式(3-14),得

$$\boldsymbol{E}_i\boldsymbol{u}_{i-1}+\boldsymbol{D}_i\boldsymbol{u}_i+\boldsymbol{F}_i\boldsymbol{u}_{i+1}=\boldsymbol{g}_i \tag{3-16}$$

将单元 $i=1,2,\cdots,N$ 的法方程进行组装,并在计算域左右两侧进行相应的边界处理,可以得到一个块三对角线性方程组。块三对角线性方程组可以用 Batista 等[114]的方法进行快速直接求解。

可以观察到,方程组(3-6)的各个方程的量纲不同,为了提高计算精度,应当进行无量纲化。为此将权函数

$$w_{i,m}=\begin{cases}1, & m=0\\ w_m(\Delta x_i)^m, & m>0\end{cases} \tag{3-17}$$

引入到重构方程组,将式(3-6)改写为

$$\frac{w_{i,m}}{\Delta x_j}\int_{\Omega_j}\frac{\partial^m u_i(x)}{\partial x^m}\mathrm{d}x=\frac{w_{i,m}}{\Delta x_j}\int_{\Omega_j}\frac{\partial^m u_j(x)}{\partial x^m}\mathrm{d}x,\quad 0\leqslant m\leqslant M \tag{3-18}$$

但在实施过程中,仅需要将式(3-9)的重构矩阵调整为

$$\begin{cases}(\boldsymbol{A}_j^i)_{ml}=\dfrac{w_{i,m}}{\Delta x_j}\displaystyle\int_{\Omega_j}\frac{\partial^m\varphi_{l,i}(x)}{\partial x^m}\mathrm{d}x, & 0\leqslant m\leqslant M,\quad 1\leqslant l\leqslant k\\ (\boldsymbol{B}_j^i)_{ml}=\dfrac{w_{i,m}}{\Delta x_j}\displaystyle\int_{\Omega_j}\frac{\partial^m\varphi_{l,j}(x)}{\partial x^m}\mathrm{d}x, & 0\leqslant m\leqslant M,\quad 1\leqslant l\leqslant k\end{cases} \tag{3-19}$$

而式(3-10)~式(3-16)的关系式不变。w_m 是用来控制各阶导数的守恒方程权重的自由参数,可以调整其取值来优化格式的谱特性。w_m 的最优值通过 3.2 节的谱特性分析确定。

下面给出均匀网格上二至四阶精度 CLS 重构的具体公式。

(1) 二阶精度 CLS 重构:

$$\begin{gathered}\boldsymbol{A}_i=\begin{bmatrix}-1\\ 1\end{bmatrix},\quad \boldsymbol{B}_{i-1}=0,\quad \boldsymbol{B}_{i+1}=0,\\ \boldsymbol{u}_i=u_i^1,\qquad \boldsymbol{b}_i=\begin{pmatrix}\bar{u}_{i-1}-\bar{u}_i\\ \bar{u}_{i+1}-\bar{u}_i\end{pmatrix}\end{gathered} \tag{3-20}$$

(2) 三阶精度 CLS 重构：

$$\boldsymbol{A}_i=\begin{bmatrix}-1 & 1\\ w_1 & -2w_1\\ 1 & 1\\ w_1 & 2w_1\end{bmatrix},\quad \boldsymbol{B}_{i-1}=\begin{bmatrix}0 & 0\\ w_1 & 0\\ 0 & 0\\ 0 & 0\end{bmatrix},\quad \boldsymbol{B}_{i+1}=\begin{bmatrix}0 & 0\\ 0 & 0\\ 0 & 0\\ w_1 & 0\end{bmatrix},$$

$$\boldsymbol{u}_i=\begin{pmatrix}u_i^1\\ u_i^2\end{pmatrix},\quad \boldsymbol{b}_i=\begin{pmatrix}\bar{u}_{i-1}-\bar{u}_i\\ 0\\ \bar{u}_{i+1}-\bar{u}_i\\ 0\end{pmatrix}\tag{3-21}$$

(3) 四阶精度 CLS 重构：

$$\boldsymbol{A}_i=\begin{bmatrix}-1 & 1 & -5/4\\ w_1 & -2w_1 & 13w_1/4\\ 0 & 2w_2 & -6w_2\\ 1 & 1 & 5/4\\ w_1 & 2w_1 & 13w_1/4\\ 0 & 2w_2 & 6w_2\end{bmatrix},\quad \boldsymbol{B}_{i-1}=\begin{bmatrix}0 & 0 & 0\\ w_1 & 0 & w_1/4\\ 0 & 2w_2 & 0\\ 0 & 0 & 0\\ 0 & 0 & 0\\ 0 & 0 & 0\end{bmatrix},$$

$$\boldsymbol{B}_{i+1}=\begin{bmatrix}0 & 0 & 0\\ 0 & 0 & 0\\ 0 & 0 & 0\\ 0 & 0 & 0\\ w_1 & 0 & w_1/4\\ 0 & 2w_2 & 0\end{bmatrix},\quad \boldsymbol{u}_i=\begin{pmatrix}u_i^1\\ u_i^2\\ u_i^3\end{pmatrix},\quad \boldsymbol{b}_i=\begin{pmatrix}\bar{u}_{i-1}-\bar{u}_i\\ 0\\ 0\\ \bar{u}_{i+1}-\bar{u}_i\\ 0\\ 0\end{pmatrix}\tag{3-22}$$

从式(3-20)可以看出，线性 CLS 重构和线性的 k-exact 重构是等价的，并且无需求解方程组，可直接写出待定系数的表达式：

$$u_i^1=\frac{u_{i+1}-u_{i-1}}{2}\tag{3-23}$$

但是高阶 CLS 重构就需要求解块三对角线性方程组了。

一维 CLS 重构的边界处理比较简单。对于非周期的计算域，左、右两侧的边界单元各自只有一个面相邻单元。取 $M=k-1$ 时，边界单元刚好有 k 个方程，恰好等于重构多项式待定系数的个数，重构方程组是适定的，因此无需对边界单元的重构做任何特殊处理。计算结果表明这种边界处理方式是稳定的。

3.2 谱特性和稳定性

本节通过对一维线性波动方程的傅里叶分析，导出 CLS 重构的修正波数，进而分析其色散、耗散特性和稳定性。

3.2.1 傅里叶分析

本节傅里叶分析的对象是一维线性波动方程：

$$\frac{\partial u}{\partial t}+\frac{\partial f}{\partial x}=0 \tag{3-24}$$

通量 $f=au$。为了分析简便，设定 a 是正的常数，并且计算网格是均匀的，网格单元长度为 h。波动方程的半离散有限体积格式为

$$\frac{\partial \bar{u}_i}{\partial t}=-\frac{1}{h}(f_{i+1/2}-f_{i-1/2}) \tag{3-25}$$

其中，$f_{i\pm1/2}=au(x_{i\pm1/2})$是精确通量。

下面用 CLSFV 方法对线性波动方程进行空间离散，导出数值半离散格式。首先在给定所有单元的精确平均值的情况下，用 CLS 重构得到所有单元的重构多项式 $u_i(x)(i=1,2,\cdots,N)$。然后计算单元界面上的左右状态：

$$\begin{cases} u_{i+1/2}^{\mathrm{L}}=u_i(x_{i+1/2})=\bar{u}_i+\sum\limits_{l=1}^{k}u_i^l\varphi_{l,i}(x_{i+1/2}) \\ u_{i+1/2}^{\mathrm{R}}=u_{i+1}(x_{i+1/2})=\bar{u}_{i+1}+\sum\limits_{l=1}^{k}u_{i+1}^l\varphi_{l,i+1}(x_{i+1/2}) \end{cases} \tag{3-26}$$

用迎风格式计算出数值通量：

$$\hat{f}_{i+1/2}=\hat{f}(u_{i+1/2}^{\mathrm{L}},u_{i+1/2}^{\mathrm{R}})=au_{i+1/2}^{\mathrm{L}} \tag{3-27}$$

并替换式(3-25)的精确通量，得数值半离散格式：

$$\frac{\partial \bar{u}_i}{\partial t}=-\frac{1}{h}(\hat{f}_{i+1/2}-\hat{f}_{i-1/2}) \tag{3-28}$$

为了进行傅里叶分析，给定函数分布为

$$u(x,t)=A_m(t)\mathrm{e}^{\mathrm{i}k_m x} \tag{3-29}$$

精确的单元平均值为

$$\bar{u}_j = \frac{A_m}{\mathrm{i}k_m h}(\mathrm{e}^{\mathrm{i}k_m x_{i+1/2}} - \mathrm{e}^{\mathrm{i}k_m x_{i-1/2}}) \tag{3-30}$$

精确通量为

$$f_{i\pm1/2} = aA_m \mathrm{e}^{\mathrm{i}k_m x_{i\pm1/2}} \tag{3-31}$$

因此，精确的半离散格式简化为

$$\frac{\partial A_m}{\partial t} + \mathrm{i}k_m a A_m = 0 \tag{3-32}$$

数值半离散格式简化为

$$\frac{\partial A_m}{\partial t} + \mathrm{i}k'_m a A_m = 0 \tag{3-33}$$

并有关系式

$$\frac{k'_m}{k_m} = \frac{\hat{f}_{i+1/2} - \hat{f}_{i-1/2}}{f_{i+1/2} - f_{i-1/2}} \tag{3-34}$$

根据波数 $\kappa = k_m h \in (0,\pi]$ 的定义，那么：

$$\kappa' = k'_m h = \frac{\hat{f}_{i+1/2} - \hat{f}_{i-1/2}}{f_{i+1/2} - f_{i-1/2}}\kappa \tag{3-35}$$

称 κ' 为修正波数。κ' 是复数，二阶至四阶精度 CLS 重构的修正波数的实部和虚部的表达式如下：

（1）二阶精度 CLS 重构：

$$\begin{cases} \mathrm{Re}(\kappa') = \dfrac{3}{2}\sin(\kappa) - \dfrac{1}{4}\sin(2\kappa) \\ \mathrm{Im}(\kappa') = -\dfrac{3}{4} + \cos(\kappa) - \dfrac{1}{4}\cos(2\kappa) \end{cases} \tag{3-36}$$

（2）三阶精度 CLS 重构：

$$\begin{cases} \mathrm{Re}(\kappa') = \dfrac{[16 + 79w_1^2 + 48w_1^4 - 4(1 + 8w_1^2 + 12w_1^4)\cos(\kappa) + w_1^2\cos(2\kappa)]\sin(\kappa)}{12(1 + 4w_1^2)(1 + w_1^2 - w_1^2\cos(\kappa))} \\ \mathrm{Im}(\kappa') = -\dfrac{2[2 + 15w_1^2 + 24w_1^4 - w_1^2\cos(\kappa)]\sin^4(\kappa/2)}{3(1 + 4w_1^2)(1 + w_1^2 - w_1^2\cos(\kappa))} \end{cases} \tag{3-37}$$

（3）四阶精度 CLS 重构：

$$\begin{cases} \mathrm{Re}(\kappa') = \dfrac{s_1 \cdot \sin(\kappa) + s_2 \cdot \sin(2\kappa) + s_3 \cdot \sin(3\kappa)}{c_0 + c_1 \cdot \cos(\kappa) + c_2 \cdot \cos(2\kappa)} \\ \mathrm{Im}(\kappa') = \dfrac{-s_4 \cdot \sin^6(\kappa/2)}{c_3 + c_4 \cdot \cos(\kappa) + c_5 \cdot \cos(2\kappa)} \end{cases} \tag{3-38}$$

分子上的正弦函数的系数为

$$\begin{cases} s_1 = w_1^2(77+318w_1^2)+6(111+538w_1^2+180w_1^4)w_2^2+216(13+10w_1^2)w_2^4 \\ s_2 = -4[w_1^2+6w_1^4+6(6+41w_1^2+36w_1^4)w_2^2+432(1+w_1^2)w_2^4] \\ s_3 = (1+6w_1^2+12w_2^2)[w_1^2+18(1+2w_1^2)w_2^2] \\ s_4 = 4(1+6w_1^2+12w_2^2)[w_1^2+18(1+2w_1^2)w_2^2] \end{cases} \tag{3-39}$$

分母上的余弦函数的系数为

$$\begin{cases} c_0 = 48(w_1^2+4w_1^4)+432(1+5w_1^2+3w_1^4)w_2^2+864(2+3w_1^2)w_2^4 \\ c_1 = -24[72w_2^4+w_1^4(-4+72w_2^2)+w_1^2(-1+22w_2^2+144w_2^4)] \\ c_2 = 48w_1^2w_2^2(2+9w_1^2+18w_2^2) \\ c_3 = 6w_1^2+24w_1^4+54(1+5w_1^2+3w_1^4)w_2^2+108(2+3w_1^2)w_2^4 \\ c_4 = -216w_2^4-3w_1^4(-4+72w_2^2)-3w_1^2(-1+22w_2^2+144w_2^4) \\ c_5 = 6w_1^2w_2^2(2+9w_1^2+18w_2^2) \end{cases} \tag{3-40}$$

式(3-36)～式(3-40)表明，二阶精度 CLS 重构不含自由参数，三阶精度 CLS 重构含有一个自由参数 w_1，四阶精度 CLS 重构含有两个自由参数 (w_1, w_2)。这些自由参数的取值通过色散和耗散特性优化来确定。

3.2.2 色散和耗散特性

修正波数的实部和波数的差别称为"色散误差"，修正波数的虚部称为"耗散误差"。通过色散和耗散特性优化求出 CLS 重构的自由参数的最优值。色散和耗散特性优化的目标函数为

$$E = e^{-v\pi}\int_0^{\pi} e^{v(\pi-\kappa)}(\mathrm{Re}(\kappa')-\kappa)^2\,\mathrm{d}\kappa \tag{3-41}$$

其中，v 是用来控制高波数和低波数误差权重的参数。v 越大，低波数段的误差的权重越大。对于三阶精度 CLS 重构，无论 v 如何变化，自由参数的最优值都是 $w_1=0$；对于四阶精度 CLS 重构，自由参数最优值与 v 的取值相关，具体数值见表 3.1。取两个优化的四阶格式：$v=80$ 对应的低波数最优格式($w_1=0.01, w_2=0.01$)和 $v=4$ 对应的高波数最优格式($w_1=1, w_2=0$)。

表 3.1 不同 v 对应的四阶精度 CLS 重构的自由参数最优值

v	2	4	6	8	10	20	40	60	80
w_1	$>10^4$	1	$<10^{-4}$	0.0200	0.0100	0.0100	0.0100	0.0100	0.0100
w_2	0	0	0	0.0360	0.0490	0.0196	0.0144	0.0121	0.0100

图3.2展示了二阶、三阶和四阶精度CLS重构的色散和耗散特性曲线，并与Lele[115]的六阶中心差分格式(C6)和六阶三对角差分格式(T6)进行比较。比较两个优化的四阶格式，低波数最优格式($w_1=0.01, w_2=0.01$)在低波数段的色散误差较小，但是高波数段的色散误差明显大于高波数最优格式($w_1=1, w_2=0$)。

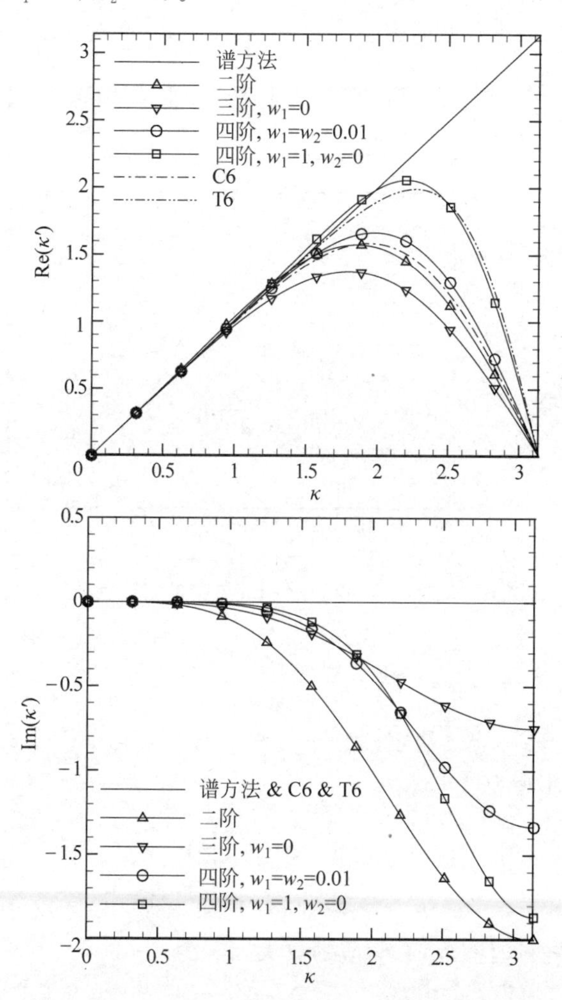

图3.2　二阶、三阶和四阶CLS重构的色散和耗散特性曲线

为了定量地比较色散误差，在图3.3中画出相对色散误差$\mathrm{Re}(\kappa')/\kappa-1$的曲线。如果波数被有效解析的标准是$|\mathrm{Re}(\kappa')/\kappa-1|\leqslant 0.5\%$，那么低波数最优格式的有效解析波数范围是$\kappa\in(0,1.23]$，高波数最优格式的有效解

析波数范围是 $\kappa\in(0,0.82]$；如果波数被有效解析的标准是 $|\mathrm{Re}(\kappa')/\kappa-1|\leqslant 3\%$，那么低波数最优格式的有效解析波数范围是 $\kappa\in(0,1.51]$，高波数最优格式的有效解析波数范围是 $\kappa\in(0,2.10]$。在上述两种有效解析标准下，两个四阶格式都比二阶和三阶格式的有效解析波数范围大。另外，低波数最优格式的色散曲线夹在 C6 和 T6 格式之间，而高波数最优格式的色散曲线在高波数段的表现比 T6 格式还要好，但是在低波数段误差较大。

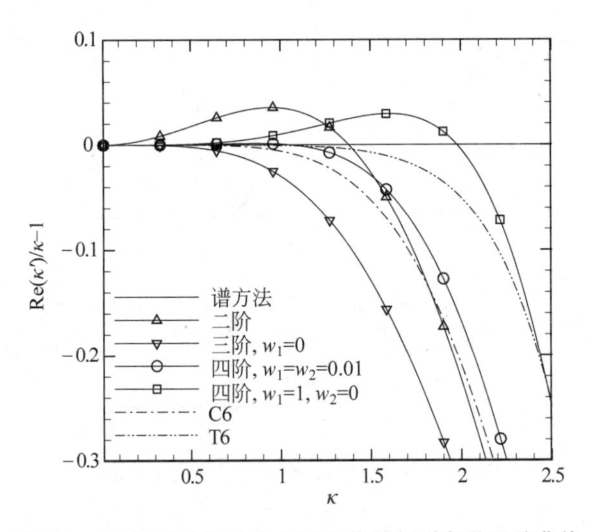

图 3.3　二阶、三阶和四阶 CLS 重构的相对色散误差曲线

3.2.3　稳定性

用 von-Neumann 稳定性分析方法来分析 CLSFV 格式的稳定性。将方程(3-33)改写为

$$\frac{\partial A_m}{\partial t}=-\frac{\mathrm{i}\kappa' c}{\Delta t}A_m \tag{3-42}$$

其中，CFL 数 $c=a\Delta t/h$。对式(3-42)用第 2 章介绍的三阶 TVD Runge-Kutta 方法进行时间离散，对应的放大因子为

$$G_m=\frac{A_m^{n+1}}{A_m^n}=1/3+(1+Z)/2+(1+Z)^3/6 \tag{3-43}$$

其中，$Z=-\mathrm{i}c\kappa'$。给定 CFL 数情况下，如果对于任意 $\kappa\in(0,\pi]$，都有 $|G_m|\leqslant 1$，则认为格式是稳定的。由于修正波数的表达式比较复杂，通过式(3-43)解析推导格式的稳定条件会很烦琐。因此，通过绘制放大因子曲线的办法

来判定格式的稳定性。图3.4描绘了二阶至四阶CLSFV格式的放大因子曲线。从图中可以观察到，$c \leqslant 1.1$时，图中所有格式都是稳定的；$c \geqslant 1.2$时，二阶CLSFV格式和($w_1=1, w_2=0$)对应的四阶高波数最优格式在高波数段出现了不稳定现象。因此二阶至四阶CLSFV格式都稳定的临界CFL数$c_{crit} \in (1.1, 1.2)$。

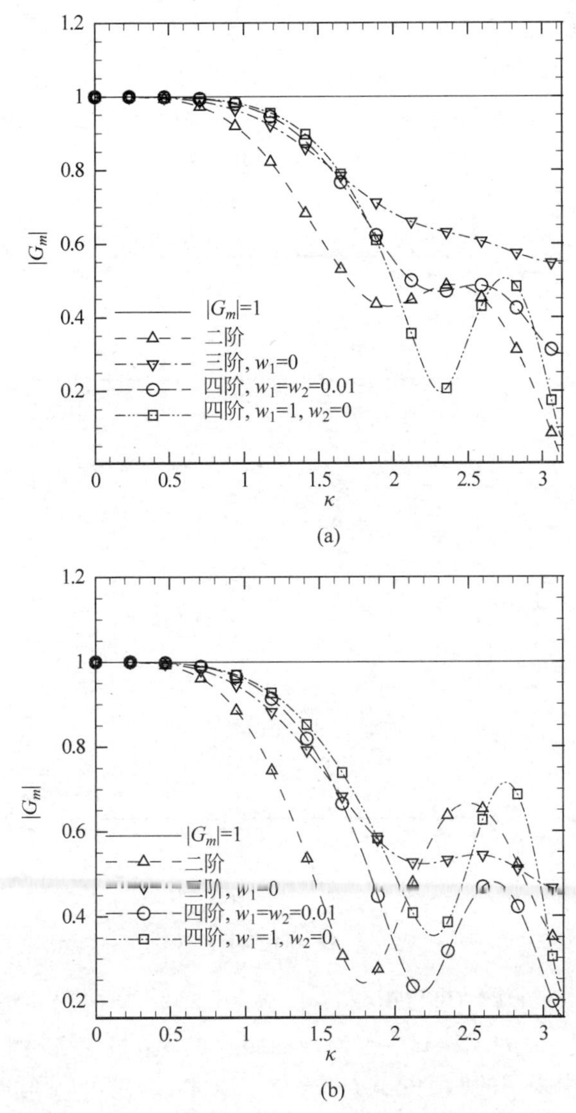

图3.4　二阶、三阶和四阶CLSFV格式的放大因子曲线

(a) CFL数=0.8；(b) CFL数=1.0；(c) CFL数=1.1；(d) CFL数=1.2

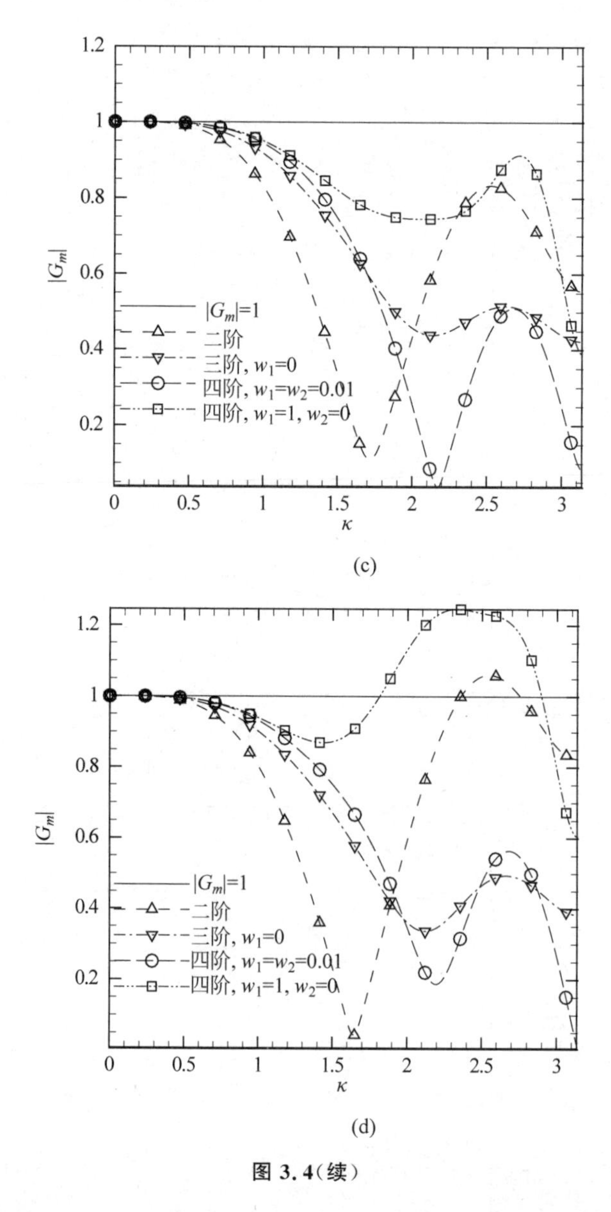

(c)

(d)

图 3.4(续)

另外，从图 3.4 中可以看出，$w_1=0.01$ 和 $w_2=0.01$ 对应的四阶低波数最优格式比 $w_1=1$ 和 $w_2=0$ 对应的四阶高波数最优格式更稳定。因此，在实际计算中采用的四阶格式是 $w_1=0.01$ 和 $w_2=0.01$ 对应的低波数最优格式。

3.3　多维紧致最小二乘重构

本节将介绍多维CLS重构。为了简明，仅讨论三角形网格上的CLS重构。四边形网格或者三角形/四边形混合网格上的CLS重构可以用三角形网格上的公式直接推广得到。三角形网格上的紧致重构模板 $S_i=\{i,j_1,j_2,j_3\}$ 的构成如图3.5所示。

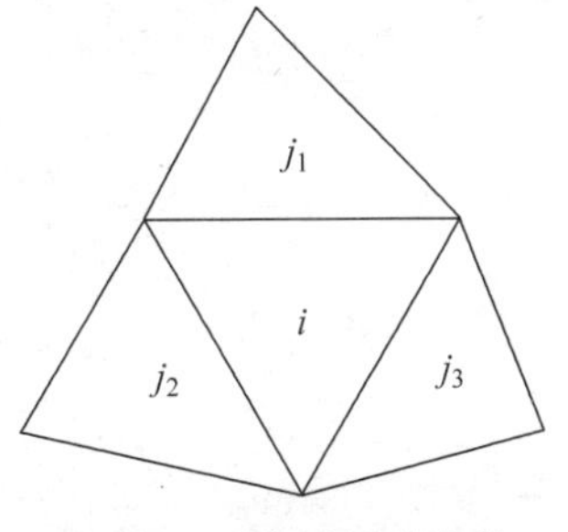

图3.5　三角形网格上的紧致重构模板

二维情况下，函数 $u(\boldsymbol{x})$ 的单元平均值定义为

$$\bar{u}_i=\frac{1}{\bar{\Omega}_i}\iint_{\Omega_i}u(\boldsymbol{x})\mathrm{d}x\mathrm{d}y \tag{3-44}$$

k 次重构多项式为

$$u_i(\boldsymbol{x})=\bar{u}_i+\sum_{l=1}^{N_c(k)}u_i^l\varphi_{l,i}(\boldsymbol{x}) \tag{3-45}$$

待定系数 u_i^l 的个数 $N_c(k)=C_{k+2}^2-1$，零均值基函数 $\varphi_{l,i}(\boldsymbol{x})$ 的定义为

$$\begin{gathered}\varphi_{l,i}(\boldsymbol{x})=(\delta x_i)^m(\delta y_i)^n-\overline{(\delta x_i)^m(\delta y_i)^n},\\ \overline{(\delta x_i)^m(\delta y_i)^n}=\frac{1}{\bar{\Omega}_i}\int_{\Omega_i}(\delta x_i)^m(\delta y_i)^n\mathrm{d}x\mathrm{d}y,\\ \delta x_i=(x-x_i)/h_i,\quad \delta y_i=(y-y_i)/h_i\end{gathered} \tag{3-46}$$

网格尺度 h_i 的计算公式为

$$h_i=\max(\mathrm{Rad}_i,\sqrt{\bar{\Omega}_i}) \tag{3-47}$$

其中，Rad_i 是三角形的外接圆半径。

3.3.1　多维紧致最小二乘重构线性方程组

根据CLS重构“中心单元重构多项式及其各阶空间导数在面相邻单元上守恒”的原理，二维CLS重构的基本关系式为

$$\begin{gathered}\forall j\in S_i,\quad j\neq i,\quad 0\leqslant m+n\leqslant M\leqslant k,\\ \frac{1}{\bar{\Omega}_j}\int_{\Omega_j}\frac{\partial^{m+n}u_i(\boldsymbol{x})}{\partial x^m\partial y^n}\mathrm{d}x\mathrm{d}y=\frac{1}{\bar{\Omega}_j}\int_{\Omega_j}\frac{\partial^{m+n}u_j(\boldsymbol{x})}{\partial x^m\partial y^n}\mathrm{d}x\mathrm{d}y\end{gathered} \tag{3-48}$$

如介绍一维CLS重构时所述，式(3-48)各导数的方程量纲不同，为此对这

些方程进行无量纲化，引入权函数：

$$w_{i,p}=(wh_i)^p \tag{3-49}$$

其中，自由参数 w 是用来控制各个阶次的导数的守恒方程的权重。合理地调节 w 可以改善格式精度和计算效率。引入权函数后的 CLS 重构基本关系式为

$$\begin{gathered}\forall j\in S_i,\quad j\neq i,\quad 0\leqslant m+n\leqslant M,\\ \frac{w_{i,m+n}}{\bar{\Omega}_j}\int_{\Omega_j}\frac{\partial^{m+n}u_i(\boldsymbol{x})}{\partial x^m\partial y^n}\mathrm{d}x\,\mathrm{d}y=\frac{w_{i,m+n}}{\bar{\Omega}_j}\int_{\Omega_j}\frac{\partial^{m+n}u_j(\boldsymbol{x})}{\partial x^m\partial y^n}\mathrm{d}x\,\mathrm{d}y\end{gathered} \tag{3-50}$$

将重构多项式(3-45)代入，得到如下的线性方程组：

$$\begin{aligned}&\forall j\in S_i,\quad j\neq i,\quad 0\leqslant m+n\leqslant M,\\ &\sum_{l=1}^{N_c(k)}u_i^l\left(\frac{w_{i,m+n}}{\bar{\Omega}_j}\int_{\Omega_j}\frac{\partial^{m+n}\varphi_{l,i}(\boldsymbol{x})}{\partial x^m\partial y^n}\mathrm{d}x\,\mathrm{d}y\right)\\ &=\sum_{l=1}^{N_c(k)}u_j^l\left(\frac{w_{i,m+n}}{\bar{\Omega}_j}\int_{\Omega_j}\frac{\partial^{m+n}\varphi_{l,j}(\boldsymbol{x})}{\partial x^m\partial y^n}\mathrm{d}x\,\mathrm{d}y\right)+\delta_{m+n}^0(\bar{u}_j-\bar{u}_i)\end{aligned} \tag{3-51}$$

定义待定系数向量 $\boldsymbol{u}_i=[u_i^1,u_i^2,\cdots,u_i^{N_c(k)}]^{\mathrm{T}}$，将式(3-51)改写成矩阵形式：

$$\boldsymbol{A}_j^i\boldsymbol{u}_i=\boldsymbol{B}_j^i\boldsymbol{u}_j+\boldsymbol{b}_j^i \tag{3-52}$$

矩阵和向量的分量定义为

$$\begin{cases}\boldsymbol{A}_j^i=\left[\dfrac{w_{i,m+n}}{\bar{\Omega}_j}\displaystyle\int_{\Omega_j}\dfrac{\partial^{m+n}\varphi_{l,i}(\boldsymbol{x})}{\partial x^m\partial y^n}\mathrm{d}x\,\mathrm{d}y\right]_{(N_c(M)+1)\times N_c(k)}\\ \boldsymbol{B}_j^i=\left[\dfrac{w_{i,m+n}}{\bar{\Omega}_j}\displaystyle\int_{\Omega_j}\dfrac{\partial^{m+n}\varphi_{l,j}(\boldsymbol{x})}{\partial x^m\partial y^n}\mathrm{d}x\,\mathrm{d}y\right]_{(N_c(M)+1)\times N_c(k)}\\ \boldsymbol{b}_j^i=[\delta_{m+n}^0(\bar{u}_j-\bar{u}_i)]_{(N_c(M)+1)\times 1}\end{cases} \tag{3-53}$$

将 j 取遍重构模板中的面相邻单元 $\{j_1,j_2,j_3\}$，并对其对应的线性方程组进行组装，得到单元 i 的重构线性方程组：

$$\boldsymbol{A}_i\boldsymbol{u}_i=\sum_{j\in S_i,j\neq i}\boldsymbol{B}_j\boldsymbol{u}_j+\boldsymbol{b}_i \tag{3-54}$$

其中，

$$\boldsymbol{A}_i=\begin{pmatrix}\boldsymbol{A}_{j1}^i\\ \boldsymbol{A}_{j2}^i\\ \boldsymbol{A}_{j3}^i\end{pmatrix},\quad \boldsymbol{B}_{j_1}=\begin{pmatrix}\boldsymbol{B}_{j1}^i\\ \boldsymbol{0}\\ \boldsymbol{0}\end{pmatrix},\quad \boldsymbol{B}_{j_2}=\begin{pmatrix}\boldsymbol{0}\\ \boldsymbol{B}_{j2}^i\\ \boldsymbol{0}\end{pmatrix},\quad \boldsymbol{B}_{j_3}=\begin{pmatrix}\boldsymbol{0}\\ \boldsymbol{0}\\ \boldsymbol{B}_{j3}^i\end{pmatrix},\quad \boldsymbol{b}_i=\begin{pmatrix}\boldsymbol{b}_{j1}^i\\ \boldsymbol{b}_{j2}^i\\ \boldsymbol{b}_{j3}^i\end{pmatrix} \tag{3-55}$$

在二维情况下，取导数守恒方程的最高阶次 $M=k-1$。这样一来，重构线性方程组(3-54)的方程个数是 $3[N_c(k-1)+1]$，未知量个数是 $N_c(k)$，可以推导出 $3[N_c(k-1)+1]-N_c(k)=k^2-k+1>0$，即方程个数总是大于未知数的个数，二者的数量对比见表3.2。所以重构线性方程组(3-54)是超定的。

表3.2　二阶至四阶CLS重构线性方程组的方程个数和未知量个数

重构精度	二　阶	三　阶	四　阶
k	1	2	3
方程个数	3	9	18
未知量个数	2	5	9

用最小二乘法求解超定线性方程组(3-54)，其方程为

$$\mathbf{A}_i^{\mathrm{T}}\mathbf{A}_i\boldsymbol{u}_i-\sum_{j\in S_i,j\neq i}\mathbf{A}_i^{\mathrm{T}}\boldsymbol{B}_j\boldsymbol{u}_j=\mathbf{A}_i^{\mathrm{T}}\boldsymbol{b}_i \tag{3-56}$$

在一维情况下，全场单元的法方程组成一个块三对角方程组，可以用直接法快速求解；但是在多维情况下，非结构网格单元编号是不连续的，中心单元和面相邻单元的编号可能相差很大，因此全场单元的法方程组成了一个大型稀疏线性方程组。

3.3.2　重构线性方程组的解法

全场的法方程联立组成了一个大型稀疏线性方程组，所以每个单元实际依赖的模板都是全场单元的集合。如果用直接法求解，那么求解过程无论如何都不能做到"紧致"。所以令人感兴趣的是能够保持重构方程组求解过程"紧致性"的迭代方法。

这里"紧致"的概念，是指求解过程是"操作上紧致"的。具体含义是，在求解过程的任何一个步骤，只需要使用面相邻模板单元的信息，程序实施时只需要定义基于紧致模板的数据结构。"操作上紧致"这一性质，已经足以克服重构模板巨大造成的缓存命中率低，以及并行计算时进程间的数据交换量大等问题。

Block Gauss-Seidel 方法实施简便，并且能够保持求解过程的紧致性。选用 Block Gauss-Seidel 方法迭代求解式(3-54)的重构线性方程组。在每个迭代步，Block Gauss-Seidel 方法的实施方式是逐个单元地求解。在求解单元 i 的重构方程组时，不采用求解式(3-56)的法方程的办法获得

式(3-54)的最小二乘解，而是采用更加高效的奇异值分解(singular value decomposition，SVD)方法：

$$\boldsymbol{u}_i^{(s)}=\boldsymbol{A}_i^{\dagger}\left(\sum_{j\in S_i,j<i}\boldsymbol{B}_j\boldsymbol{u}_j^{(s)}+\sum_{j\in S_i,j>i}\boldsymbol{B}_j\boldsymbol{u}_j^{(s-1)}+\boldsymbol{b}_i\right)\tag{3-57}$$

其中，$\boldsymbol{A}_i^{\dagger}$ 是 $\boldsymbol{A}_i$ 的广义逆矩阵，s 代表迭代步。

从式(3-53)可以观察到，矩阵 $\boldsymbol{A}_i$ 由网格几何和自由参数决定，与被重构的物理量的分布无关。因此在程序实施时，可以在时间步循环之前，计算 $\boldsymbol{A}_i^{\dagger}$ 并将其存储下来，这样在每个时间步，重构方程组的迭代求解只需要进行矩阵向量乘法，就能大幅提高计算效率。广义逆矩阵的行数等于重构方程组的未知量个数，列数等于重构方程组的方程个数，根据表3.2，CLS重构存储广义逆矩阵的内存需求与 k-exact 重构相当。

3.3.3　边界处理

对于多维CLS重构，物理边界(非周期边界)单元要进行特殊处理。这是因为物理边界单元的面相邻单元个数至少比内点单元少一个，这样就造成重构线性方程个数的减少。比如，对于图3.6所示的边界单元，有2个面相邻单元，如果仿照内点单元取 $M=k-1$，对于四阶CLS重构，有9个未知数，12个方程，数值测试表明这种边界重构格式不稳定。即使将守恒的导数阶次调到最大，即 $M=k$，获得了20个方程，也很难获得稳定的边界重构格式。但是数值测试结果表明，将边界单元的重构格式精度降低一阶，便可以得到稳定的边界重构格式。

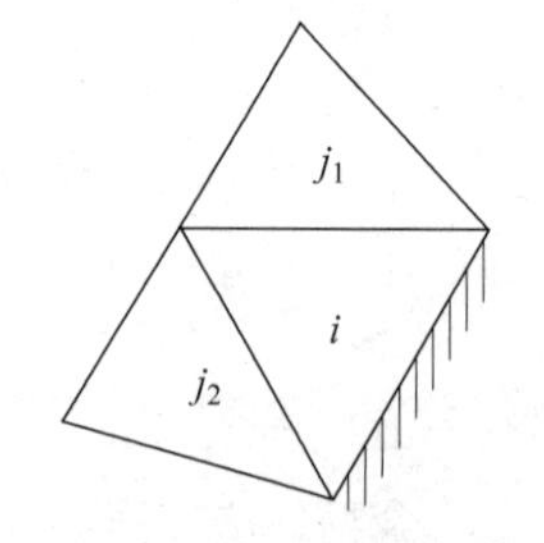

图3.6　边界单元的紧致重构模板

边界单元重构降阶的具体方案是，边界单元的阶次取 $k-1$，守恒导数的最高阶次 $M=k-2$，自由参数 $w=1$。边界单元的重构线性方程组为

$$\begin{pmatrix}\boldsymbol{A}_{j1}^i\\ \boldsymbol{A}_{j2}^i\end{pmatrix}\boldsymbol{u}_i=\begin{pmatrix}\boldsymbol{B}_{j1}^i\\ \boldsymbol{0}\end{pmatrix}\boldsymbol{u}_{j1}+\begin{pmatrix}\boldsymbol{0}\\ \boldsymbol{B}_{j2}^i\end{pmatrix}\boldsymbol{u}_{j2}+\begin{pmatrix}\boldsymbol{b}_{j1}^i\\ \boldsymbol{b}_{j2}^i\end{pmatrix}\tag{3-58}$$

其中，

$$\boldsymbol{u}_i=(u_i^l)_{N_c(k-1)\times 1},$$

$$\boldsymbol{A}_j^i=\left(\frac{w_{i,m+n}}{\bar{\Omega}_j}\int_{\Omega_j}\frac{\partial^{m+n}\varphi_{l,i}(\boldsymbol{x})}{\partial x^m\partial y^n}\mathrm{d}x\,\mathrm{d}y\right)_{(N_c(k-1)+1)\times N_c(k-1)},$$

$$\boldsymbol{B}_j^i=\left(\frac{w_{i,m+n}}{\bar{\Omega}_j}\int_{\Omega_j}\frac{\partial^{m+n}\varphi_{l,j}(\boldsymbol{x})}{\partial x^m\partial y^n}\mathrm{d}x\,\mathrm{d}y\right)_{(N_c(k-1)+1)\times N_c(k)},$$

$$\boldsymbol{b}_j^i=(\delta_{m+n}^0(\bar{u}_j-\bar{u}_i))_{(N_c(k-1)+1)\times 1}\tag{3-59}$$

根据Gustafsson[116]的分析，边界单元重构格式精度降低一阶不会造成整体格式的精度阶数降低。本书的测试结果表明，边界单元重构精度降一阶时，用L_1误差范数衡量，整体格式勉强达到理论精度阶数；用L_∞误差范数衡量，整体格式精度会降低一阶。

此外，对于包含曲边界的流动问题，如翼型绕流，如果直接用直边网格，那么整体格式将达不到高阶精度，因此需要对曲边界进行高阶近似。具体的插值和参数变换方案参见文献[41]。

3.4　重构和时间推进耦合迭代方案

3.4.1　基本原理

在2.3.2节，为了保持重构格式的紧致性，需要采用迭代方法求解多维CLS重构的大型稀疏线性方程组。但是如果在每个时间步都将重构迭代至收敛，那么重构迭代过程的计算量就会很大，整个CLSFV格式的计算效率就会很低。为此，提出了“重构和时间推进耦合迭代方案”来避免重构迭代造成的额外计算量，提高CLSFV方法的计算效率。

CLS重构不能应用在要求每个时间步的重构迭代都必须收敛的场合，即采用显式时间推进方法计算非定常流动问题。对于其他的计算场合，发现CLS重构可以和时间推进耦合来获得高计算效率。

第一种计算场合是定常流动问题的计算，由于时间方向上的离散精度不影响最终收敛解的精度，因此无论是用显式或者隐式时间推进方法，在每个时间步，都不需要将重构迭代进行到收敛。所以，在每个时间步，只进行一次重构迭代即可。具体来说，就是式(3-57)的Block Gauss-Seidel迭代在每个时间步只实施一次。重构和时间积分这两个相互耦合的过程最终会一起收敛。

第二种计算场合是用隐式双时间步方法计算非定常流动问题。对于隐式双时间步法，如在第2章介绍的隐式Runge-Kutta方法，其每个子步的求解都相当于一个定常问题。这样一来，就可以像求解定常流动问题一样，在每个虚拟时间步，只进行一次CLS重构迭代。

重构和时间推进耦合迭代方案，避免了 CLS 重构的隐式特性带来的额外计算开销，提高了 CLSFV 方法的计算效率。

3.4.2 算法实现

对于非定常流动问题，为了获得高精度的数值解，在空间方向上采用高阶 CLS 重构和高精度数值通量积分的同时，也要在时间方向上采用高精度的离散方法。对非定常流动问题采用第 2 章介绍的三步、四阶精度的 SDIRK4 方法进行时间积分。下面介绍非定常流动问题 CLS 重构和 SDIRK4 方法耦合迭代方案的实施过程。

SDIRK4 的时间积分结果为

$$\bar{\boldsymbol{U}}^{n+1}=\bar{\boldsymbol{U}}^{n}+\Delta t\sum_{\alpha=1}^{3}\boldsymbol{b}_{\alpha}\boldsymbol{R}(\bar{\boldsymbol{U}}^{(\alpha)}) \tag{3-60}$$

第 α 个子步要求解如下方程：

$$\frac{\bar{\boldsymbol{U}}^{(\alpha)}-\bar{\boldsymbol{U}}^{n}}{\Delta t}=\sum_{\beta=1}^{\alpha}\boldsymbol{a}_{\alpha\beta}\boldsymbol{R}(\bar{\boldsymbol{U}}^{(\beta)}) \tag{3-61}$$

引入虚拟时间步，并进行通量线化后，得到如下线性方程组：

$$\left(\frac{1}{\Delta t}+\frac{1}{\Delta\tau}-\boldsymbol{a}_{\alpha\alpha}\frac{\partial\boldsymbol{R}}{\partial\bar{\boldsymbol{U}}}\right)\Delta\bar{\boldsymbol{U}}^{s}=\boldsymbol{R}_{t} \tag{3-62}$$

其中，

$$\begin{cases}\boldsymbol{R}_{t}=\dfrac{1}{\Delta t}(\bar{\boldsymbol{U}}^{n}-\bar{\boldsymbol{U}}^{s})+\boldsymbol{a}_{\alpha\alpha}\boldsymbol{R}(\bar{\boldsymbol{U}}^{s})+\displaystyle\sum_{\beta=1}^{\alpha-1}\boldsymbol{a}_{\alpha\beta}\boldsymbol{R}(\bar{\boldsymbol{U}}^{(\beta)})\\ \Delta\bar{\boldsymbol{U}}^{s}=\bar{\boldsymbol{U}}^{s+1}-\bar{\boldsymbol{U}}^{s}\end{cases} \tag{3-63}$$

在虚拟时间上进行推进，直至 $\bar{\boldsymbol{U}}^{s+1}$ 收敛至 $\bar{\boldsymbol{U}}^{(\alpha)}$，这个过程称为“内迭代”。在内迭代过程的每个虚拟时间步，进行一步式(3-57)的 CLS 重构迭代，计算数值通量，然后用无矩阵化的 LU-SGS 方法求解方程(3-62)。用如下伪代码来描述一个在物理时间步内，上述耦合迭代过程的实施细节。

算法 非定常问题的 CLS 重构和隐式双时间步法耦合迭代求解器

$\bar{\boldsymbol{U}}^{0}=\bar{\boldsymbol{U}}^{n}$	初始化，以 n 时刻的平均值为初值
Do $\alpha=1,3$	SDIRK4 的第 α 步
$\bar{\boldsymbol{U}}^{1}=\bar{\boldsymbol{U}}^{(\alpha-1)}$	内迭代初始化
Do $s=1$, max_inner_iteration_step	第 α 步的内迭代循环
Do $i=1,N$	对逐个单元进行重构迭代

$\boldsymbol{u}_i^{(s)} = \boldsymbol{A}_i^{\dagger}\left(\sum_{j\in S_i, j<i}\boldsymbol{B}_j\boldsymbol{u}_j^{(s)} + \sum_{j\in S_i, j>i}\boldsymbol{B}_j\boldsymbol{u}_j^{(s-1)} + \boldsymbol{b}_i\right)$　Block Gauss-Seidel 迭代

End Do

Compute $\boldsymbol{R} = \boldsymbol{R}(\bar{\boldsymbol{U}}^s)$　数值通量计算

Solve$\left(\frac{1}{\Delta t} + \frac{1}{\Delta \tau} - \boldsymbol{a}_{\alpha\alpha}\frac{\partial R}{\partial \bar{\boldsymbol{U}}}\right)\Delta\bar{\boldsymbol{U}}^s = \boldsymbol{R}_t$　LU-SGS 求解隐式时间推进方程

$\bar{\boldsymbol{U}}^{s+1} = \bar{\boldsymbol{U}}^s + \Delta\bar{\boldsymbol{U}}^s$　更新单元平均值

$residual(s) = L_1(\Delta\rho)$　计算密度残差

If($residual(s)/residual(1) < \varepsilon$)exit　检查残差下降量级是否满足收敛

End Do

$\bar{\boldsymbol{U}}^{(\alpha)} = \bar{\boldsymbol{U}}^{s+1}$　内迭代收敛解

End Do

$\bar{\boldsymbol{U}}^{n+1} = \bar{\boldsymbol{U}}^n + \Delta t\sum_{\alpha=1}^{3}\boldsymbol{b}_\alpha\boldsymbol{R}(\bar{\boldsymbol{U}}^{(\alpha)})$　$n+1$ 时刻的单元平均值

如果仅以实施过程而论,CLSFV 方法的重构和隐式双时间步法耦合迭代与传统有限体积方法(如 k-exact 有限体积方法)使用隐式双时间步法进行时间推进并无区别。在每个虚拟时间步,CLSFV 进行一次 CLS 重构迭代,而 k-exact 有限体积方法进行一次 k-exact 重构,两个过程的计算量很接近。所以,耦合迭代方案的采用,避免了重构迭代造成的额外计算开销,使得在每个物理时间步,CLSFV 的计算量与传统的 k-exact 有限体积方法相当,大大提高了 CLSFV 方法的计算效率。

对于定常流动问题,由于时间离散精度不影响收敛解的精度,因此采用最简单的一阶向后差分格式:

$$\frac{\bar{\boldsymbol{U}}^{s+1} - \bar{\boldsymbol{U}}^s}{\Delta\tau} = \boldsymbol{R}(\bar{\boldsymbol{U}}^{s+1}) \tag{3-64}$$

通量线化后,可以得到如下线性方程组:

$$\left(\frac{1}{\Delta\tau} - \frac{\partial \boldsymbol{R}}{\partial \bar{\boldsymbol{U}}}\right)\Delta\bar{\boldsymbol{U}}^s = \boldsymbol{R}(\bar{\boldsymbol{U}}^s) \tag{3-65}$$

将解在虚拟时间上进行推进,直至 $\bar{\boldsymbol{U}}^{s+1}$ 达到最终的收敛解。定常问题的耦合迭代方案的实施,可以参照非定常问题的内迭代过程。根据测试经验,用第 2 章介绍的无矩阵化的 GMRES+LU-SGS 方法求解方程(3-65),可以加

快收敛速度，提高计算效率。

3.4.3 收敛性分析

为探究CLS重构和时间推进耦合迭代方案的收敛机制，对3.6.3节的NACA0012翼型无黏亚声速(马赫数是0.3)绕流这一定常问题的收敛历史进行分析。图3.7展示了重构迭代残差和密度残差的下降曲线。从图中可以看出，CLS重构迭代和隐式时间迭代几乎同时收敛。CLSFV方法和k-exact有限体积方法的收敛速度非常接近，证明CLSFV方法能够达到和传统有限体积方法相近的计算效率。这说明了CLS重构的隐式特性并不会对CLSFV方法的计算效率造成破坏。

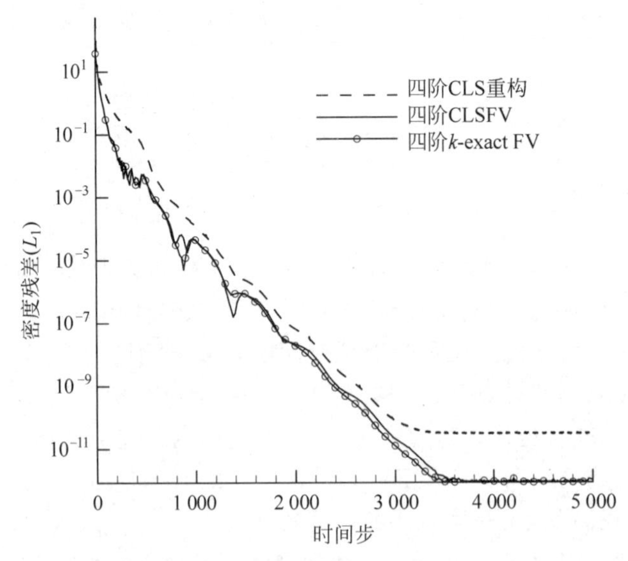

图3.7 NACA0012无黏亚声速绕流的隐式时间迭代收敛曲线及CLS重构的收敛曲线

为了进一步验证这个结论，在图3.8中展示CLSFV方法一个时间步内的静态重构迭代(重构迭代至完全收敛)和整个隐式时间迭代的收敛曲线。两条收敛曲线的对比表明，静态重构迭代的收敛速度比隐式时间迭代要快上百倍，因此整个有限体积格式的收敛速度主要由较慢的隐式时间迭代决定。

对于非定常问题，使用双时间步方法时，内迭代过程相当于一个定常问题求解过程，因此上述定常问题收敛机制的分析也适用于非定常问题。本书提出的耦合迭代方案对非定常问题的适用性，主要取决于隐式双时间步

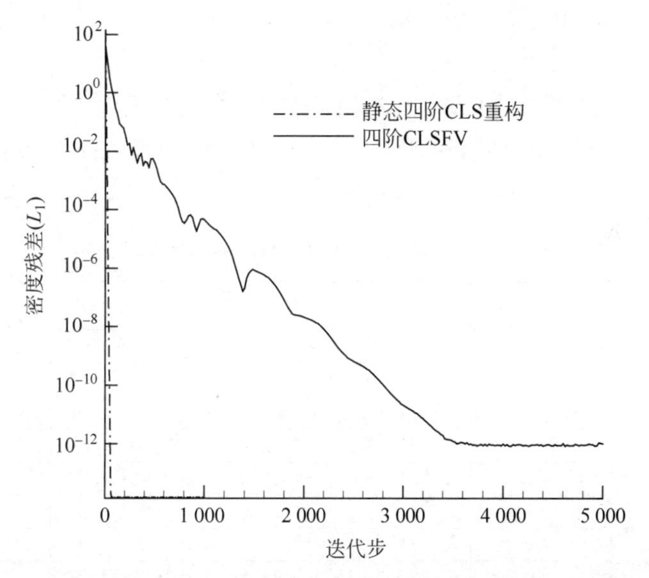

图 3.8 NACA0012 无黏亚声速绕流问题的隐式时间迭代和静态 CLS 重构收敛曲线

方法对该问题的适用性。很多问题采用隐式时间积分会比显式时间积分更加高效。比如,Zhong[117] 用隐式时间格式处理高超声速非平衡化学反应流动的源项。Martín 等[118] 在可压缩壁湍流的 DNS 中用隐式时间积分格式取得了比显式时间积分格式高几倍的效率。

3.5 一维数值算例

本节用几个标准测试算例来验证 CLSFV 方法的精度、鲁棒性和激波捕捉能力。时间推进格式方面,除了线性波动方程算例使用显式四阶 Runge-Kutta 方法,其他算例均使用三阶 TVD Runge-Kutta 方法。对于激波管、冲击波和 Shu-Osher 等包含间断的问题,采用基于特征变量的逐级限制的 WBAP 限制器。

3.5.1 线性波动方程

用线性波动方程算例来测试 CLSFV 方法的精度。控制方程为

$$\frac{\partial u}{\partial t}+\frac{\partial u}{\partial x}=0 \tag{3-66}$$

计算域是 $0\leqslant x\leqslant 1$,计算域两端采用周期边界条件。初始条件是 $u_0(x)=$

$\sin(2\pi x)$，精确解是 $u(x,t)=u_0(x-t)$。计算时间是一个周期 $t=1$，CFL 数是 1.0。

精度测试结果见表 3.3。测试结果表明，二阶和三阶 CLSFV 格式都达到了各自的理论精度阶数，而四阶 CLSFV 格式达到了五阶精度，具有超收敛性。

表 3.3 二阶至四阶 CLSFV 格式的精度测试结果

格式	网格数	L_1 误差	阶数	L_∞ 误差	阶数
二阶	20	3.34E−02	—	5.27E−02	—
	40	8.27E−03	2.01	1.30E−02	2.02
	80	2.06E−03	2.01	3.23E−03	2.01
	160	5.14E−04	2.00	8.08E−04	2.00
	320	1.29E−04	2.00	2.02E−04	2.00
	640	3.21E−05	2.00	5.05E−05	2.00
三阶	20	1.02E−02	—	1.61E−02	—
	40	1.29E−03	2.98	2.03E−03	2.99
	80	1.61E−04	3.00	2.54E−04	3.00
	160	2.02E−05	3.00	3.17E−05	3.00
	320	2.52E−06	3.00	3.96E−06	3.00
	640	3.15E−07	3.00	4.95E−07	3.00
四阶	20	3.10E−04	—	4.84E−04	—
	40	9.83E−06	4.98	1.54E−05	4.97
	80	3.08E−07	4.99	4.84E−07	4.99
	160	9.64E−09	5.00	1.51E−08	5.00
	320	3.02E−10	5.00	4.74E−10	5.00
	640	9.45E−12	5.00	1.48E−11	5.00

3.5.2 气动噪声的传播

这个算例描述了一个包含不同波长噪声的声波波包的传播[119]。每一个波长的噪声均有给定的能谱。控制方程是一维欧拉方程(Euler equation)，其初值条件为

$$\begin{cases} p(x,0)=p_0\left(1+\varepsilon\sum_{k=1}^{N/2}(E_p(k))^{0.5}\sin(2\pi k(x+\psi_k))\right) \\ \rho(x,0)=\rho_0(p(x,0)/p_0)^{1/\gamma} \\ u(x,0)=u_0+\dfrac{2}{\gamma-1}(c(x,0)-c_0) \end{cases} \tag{3-67}$$

能谱按照下面公式给定：

$$E_p(k)=(k/k_0)^4 e^{-2(k/k_0)^2} \tag{3-68}$$

噪声波的能量集中在波数 $k=k_0$ 附近。$\psi_k\in(0,1)$是随机数；ε 是控制噪声强度的参数，本书取 $\varepsilon=0.001$；$c=\sqrt{\gamma p/\rho}$是声速。计算域是 $0\leqslant x\leqslant 1$，剖分为 $N=128$ 个网格单元，计算域两端采用周期边界条件。用二阶至四阶精度的 CLSFV 方法分别计算 $k_0=4,8,12$ 三种情况。$k_0=4$ 时，气动噪声的能量集中在低波数区域。k_0 逐渐增大时，气动噪声能量集中的波数范围逐渐移动到高波数区。计算时间为一个周期 $t=1/(u_0+c_0)$，CFL 数是 0.2。数值解的压力分布如图 3.9～图 3.11 所示。对于能量集中在低波数区域的 $k_0=4$ 的情况，二阶至四阶 CLSFV 格式的计算结果和精确解都符合得很好，表明三种格式都能够较好地解析低波数(大尺度)流场结构。然而，当 k_0 逐渐增大到波包以高波数(小尺度)脉动为主时，三种格式计算结果的差别就很明显了。从图 3.10 和图 3.11 可以很明显地看出，四阶格式的波形要比三阶和二阶格式保持得更好，体现出了高精度格式的优势。

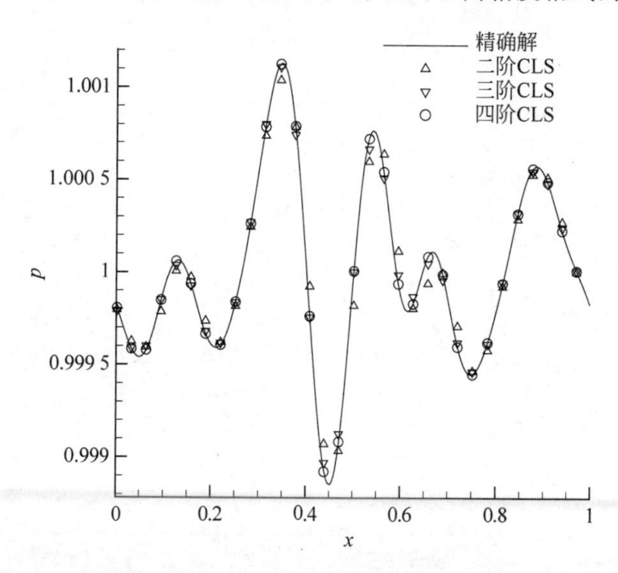

图 3.9 二阶至四阶 CLSFV 格式计算出的 $k_0=4$ 时的压力分布

3.5.3 激波管问题

用 Sod 和 Lax 激波管问题来测试 CLSFV 格式捕捉强激波和接触间断的能力。Sod 激波管问题的初值为

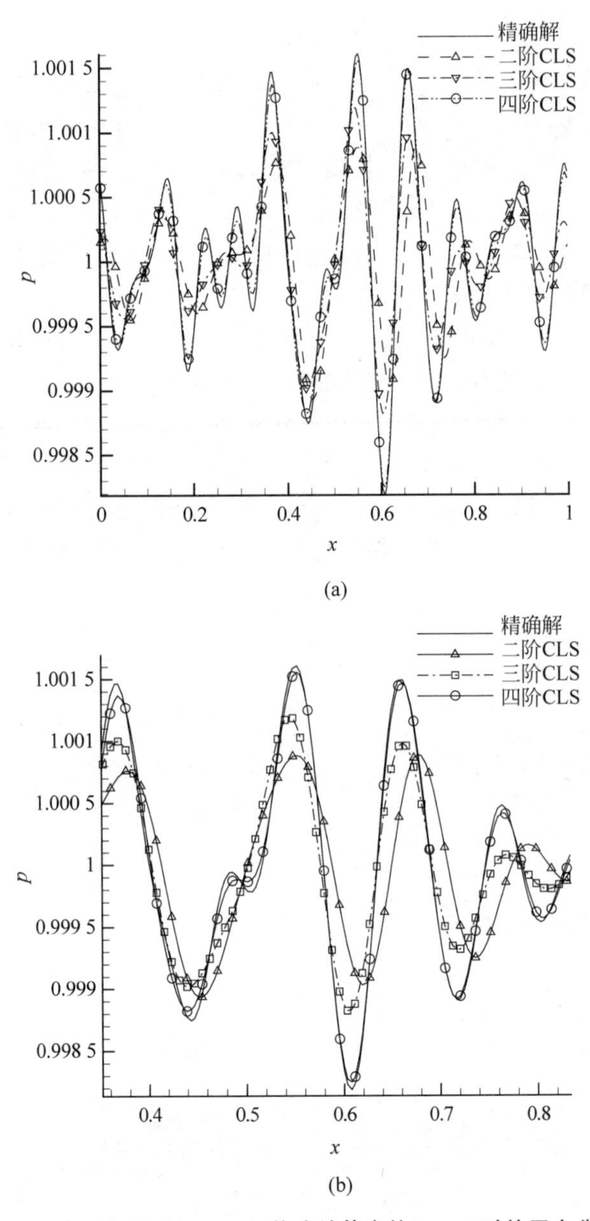

图 3.10 二阶至四阶 CLSFV 格式计算出的 $k_0=8$ 时的压力分布

(a) 全局视图；(b) 局部放大图

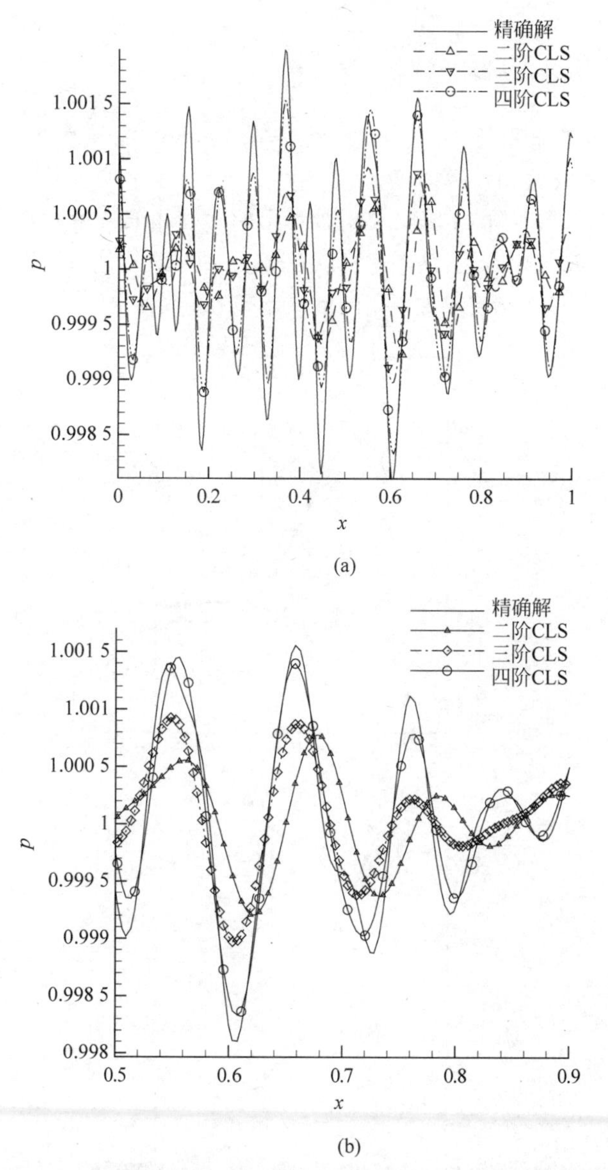

图 3.11　二阶至四阶 CLSFV 格式计算出的 $k_0=12$ 时的压力分布

(a) 全局视图；(b) 局部放大图

$$(\rho_0, u_0, p_0)=\begin{cases}(1,0,1), & 0 \leqslant x \leqslant 0.5 \\ (0.125,0,0.1), & 0.5 < x \leqslant 1\end{cases} \tag{3-69}$$

Lax 激波管问题的初值为

$$(\rho_0, u_0, p_0) = \begin{cases} (0.445, 0.698, 3.528), & 0 \leqslant x \leqslant 0.5 \\ (0.5, 0, 0.571), & 0.5 < x \leqslant 1 \end{cases} \tag{3-70}$$

计算网格包含 200 个单元，CFL 数是 1.0。Sod 激波管的计算时间 $t=0.25$，Lax 激波管的计算时间 $t=0.1$。

使用二阶至四阶 CLSFV 格式计算出的 Sod 和 Lax 激波管的密度分布如图 3.12 和图 3.13 所示。从图中可以看出，三种格式均能基本无波动地捕捉强激波和接触间断。精度阶数更高的格式计算出的间断更锐利，分辨率更高。

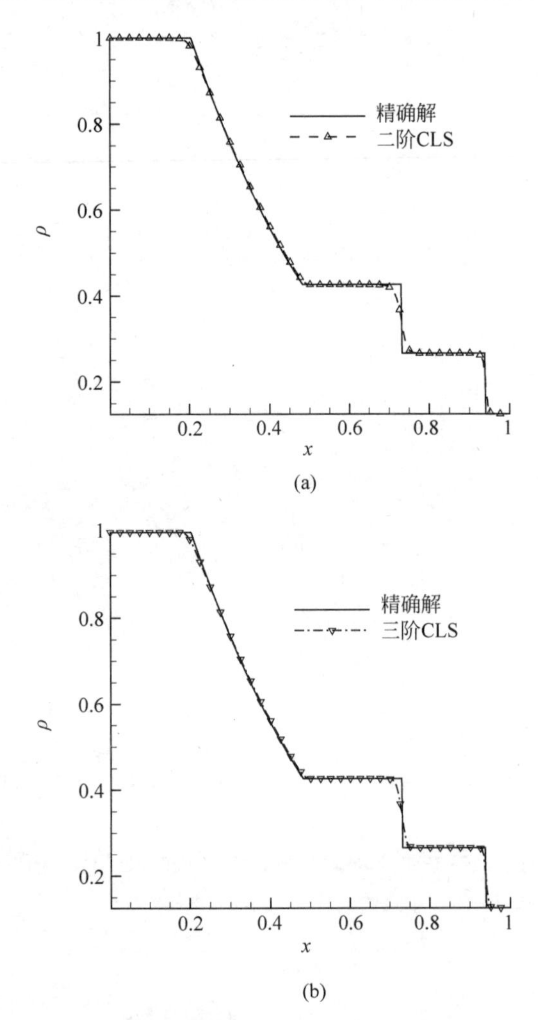

图 3.12　Sod 激波管问题 $t=0.25$ 时刻的密度分布

(a) 二阶；(b) 三阶；(c) 四阶

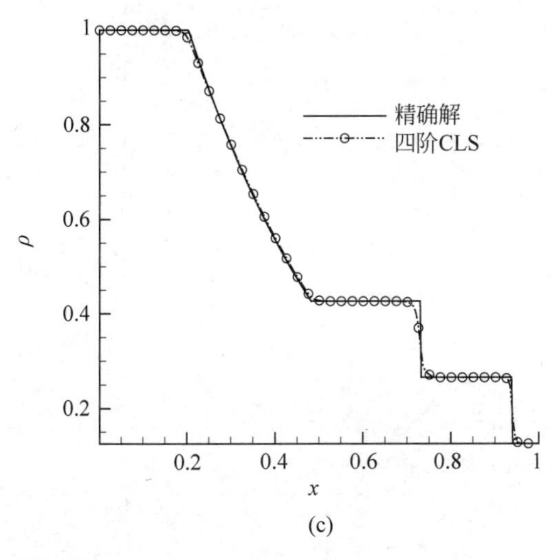

(c)

图 3.12(续)

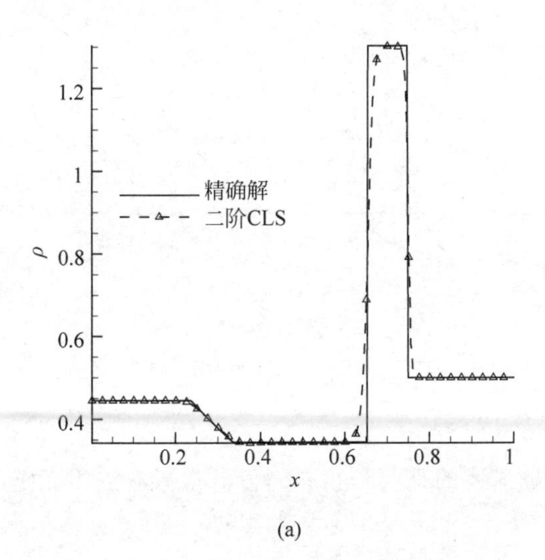

(a)

图 3.13　Lax 激波管问题 $t=0.1$ 时刻的密度分布

(a) 二阶；(b) 三阶；(c) 四阶

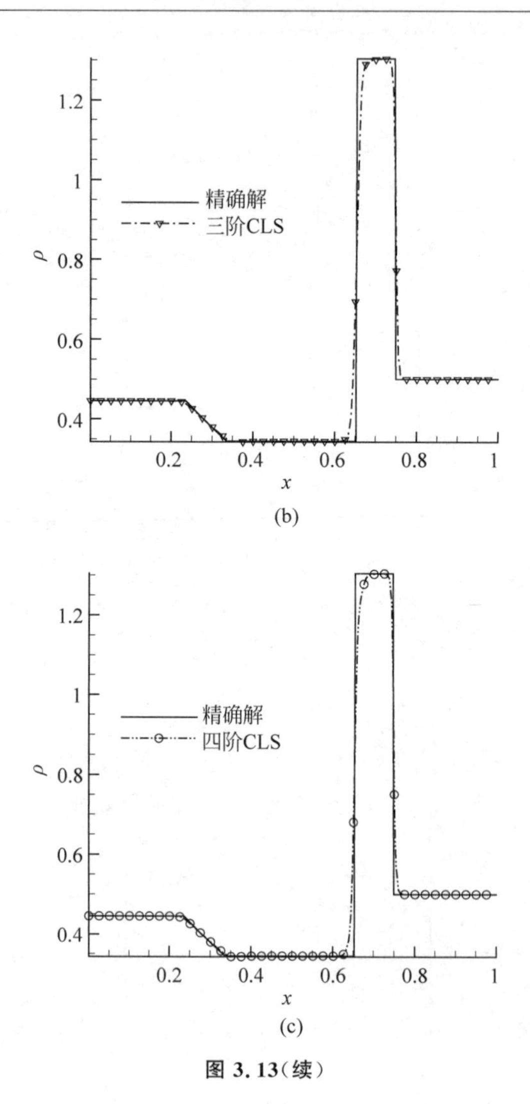

(b)

(c)

图 3.13（续）

3.5.4　冲击波问题

冲击波问题描述的是两个相向而行的强激波的相互作用。其初值为

$$(\rho_0, u_0, p_0) = \begin{cases} (1, 0, 1\,000), & 0 \leqslant x \leqslant 0.1 \\ (1, 0, 0.01), & 0.1 < x \leqslant 0.9 \\ (1, 0, 100), & 0.9 < x \leqslant 1 \end{cases} \tag{3-71}$$

网格数是 400。计算域两端采用反射边界条件。这个问题的详细物理过程分析见文献[120]。冲击波问题的激波强度大，对格式的激波捕捉能力和鲁

棒性要求较高。

计算时间 $t=0.038$,CFL 数是 1.0。用二阶至四阶 CLSFV 格式计算出的密度分布如图 3.14 所示。图中的“精确解”(实线)是五阶 WENO[121] 格式在 2 000 个单元的网格上的计算结果。图 3.14 的计算结果表明,三阶和四阶 CLSFV 格式的分辨率明显高于二阶格式,显示了高阶格式的优势。

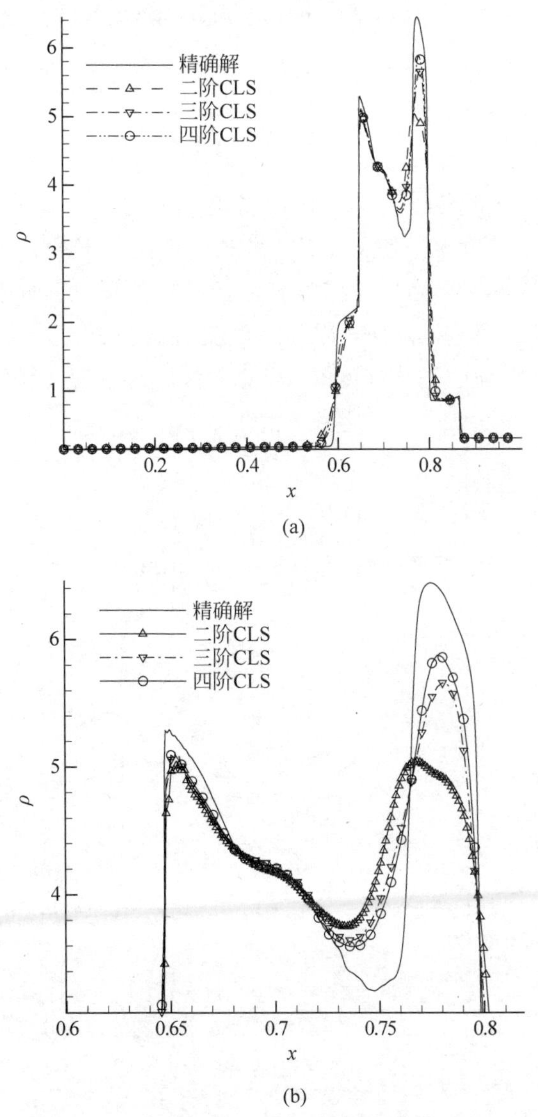

图 3.14 冲击波问题 $t=0.038$ 时刻的密度分布

(a) 全局视图;(b) 局部放大图

3.5.5 Shu-Osher 问题

Shu-Osher 问题描述了一个从左向右运动的正激波和在右侧驻停的正弦熵波交汇的物理过程。Shu-Osher 问题是用来测试格式分辨率的经典算例。计算域是[0,10],包含 500 个均匀分布的网格单元。初值为

$$(\rho_0,u_0,p_0)=\begin{cases}(3.857\,143,2.629\,369,10.333\,33), & 0\leqslant x\leqslant 1\\(1+0.2\sin(5x),0,1), & 1< x\leqslant 10\end{cases}\tag{3-72}$$

计算时间是 $t=1.8$,CFL 数是 1.0。由于 Shu-Osher 问题的精确解未知,用五阶 WENO[121] 格式在 20 000 个网格单元上的计算结果作为"精确解"。图 3.15 展示了二阶至四阶 CLSFV 格式计算出的密度分布。从图中可以看出,四阶格式的计算结果与精确解符合得非常好。三阶格式的计算结果略逊于四阶格式,但与精确解符合的程度明显好于二阶格式。Shu-Osher 问题的计算结果证明了高精度 CLSFV 方法的高分辨率和优良的激波捕捉能力。

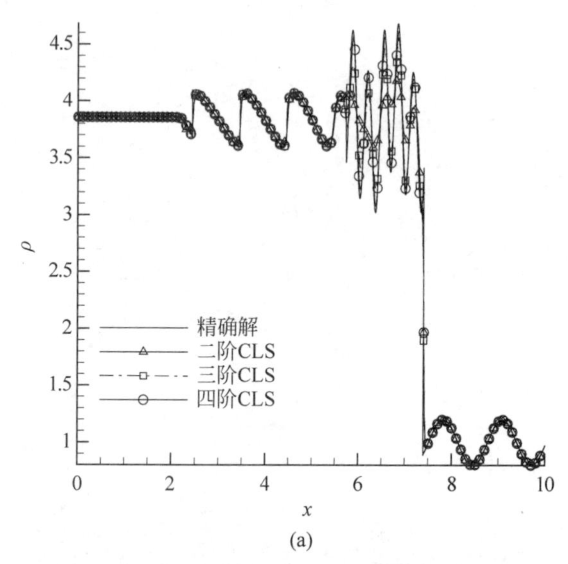

图 3.15 Shu-Osher 问题 $t=1.8$ 时刻的密度分布

(a) 全局视图;(b) 局部放大图

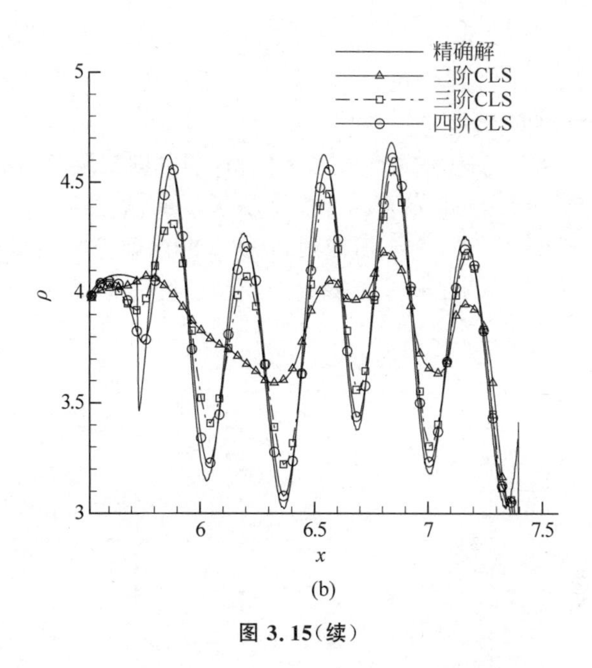

(b)

图 3.15(续)

3.6　二维数值算例

本节用一系列二维算例验证 CLSFV 格式的精度、计算效率和激波捕捉能力。这里需要注意的是,一维 CLSFV 方法可以采用显式或者隐式时间积分方法,而多维 CLSFV 方法要做到计算高效,必须采用重构和时间推进耦合迭代方案,时间积分方法是隐式的。

另外,多维 CLSFV 格式还存在自由参数,要用等熵涡问题的计算效率来标定自由参数。

3.6.1　等熵涡

等熵涡问题[19]是测试格式精度的经典算例,它的物理过程是均匀流加上等熵扰动后的传播。初始时刻,在均匀流$(\rho,u,v,p)=(1,1,1,1)$上叠加如下等熵扰动:

$$(\delta u,\delta v)=\frac{\chi}{2\pi}\mathrm{e}^{0.5(1-r^2)}(-\bar{y},\bar{x}),\quad \delta T=-\frac{(\gamma-1)}{\chi^2}8\gamma\pi^2\mathrm{e}^{1-r^2},\tag{3-73}$$
$$\delta(S=p/\rho^r)=0$$

上式中的几何量定义是$(\bar{x},\bar{y})=(x-5,y-5)$，$r^2=\bar{x}^2+\bar{y}^2$。涡强度$\chi=5$。计算域是$[0,10]\times[0,10]$，计算域的上/下和左/右边界采用周期边界条件。计算终止时间$t=2.0$。

采用如图3.16所示的两种类型的网格，即规则三角形和不规则三角形网格进行计算。两套网格的网格尺度都是从$h=1$加密到$h=1/16$，与此对应，物理时间步长从$\Delta t=2/5$加密到$\Delta t=2/80$。虚拟时间步长的CFL数是40，内迭代收敛标准是残差下降5个量级。同时也对k-exact有限体积方法在同样的计算条件下进行了精度测试，进而与CLSFV方法进行计算精度的比较。

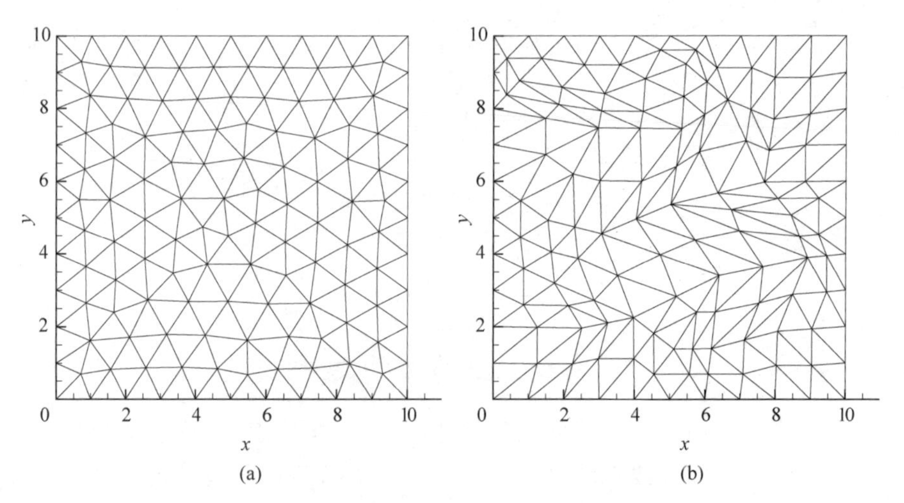

图3.16　$h=1$的规则三角形网格和不规则三角形网格

(a) 规则三角形网格；(b) 不规则三角形网格

在使用CLSFV方法进行具体问题的计算之前，有一个问题必须解决，那就是自由参数的标定。本书采用规则三角形网格上等熵涡问题的计算效率来标定自由参数的最佳取值。这种做法的合理之处在于，用光滑问题在规则网格上的计算效率作为目标函数，因为在进行CFD计算时总是优先选择高质量网格，并且只有光滑问题的计算结果才能准确地反映重构精度的影响。由于上述限制，并且考虑到已给定了多维CLS重构的权函数形式(只包含一个自由参数w)，因此得到的只是自由参数的"准最优"取值。数值计算结果表明，采用"准最优"参数的CLSFV方法计算出的数值误差，已经远小于传统的k-exact有限体积方法。

计算效率的具体定义为

$$\eta_p = \frac{1}{t_{\text{cpu}} \cdot \Delta_p} \tag{3-74}$$

其中，t_{cpu} 是 CPU 时间，Δ_p 是 p 范数误差。三阶和四阶精度的 CLSFV 格式的参数 w 和在 $h=1/4$ 规则三角形网格上等熵涡问题计算效率的关系如图 3.17 所示。图中曲线显示，对于三阶 CLSFV 格式，w 越小，计算效率越高；对于四阶 CLSFV 格式，w 取值在 0.2 左右时，计算效率最高。

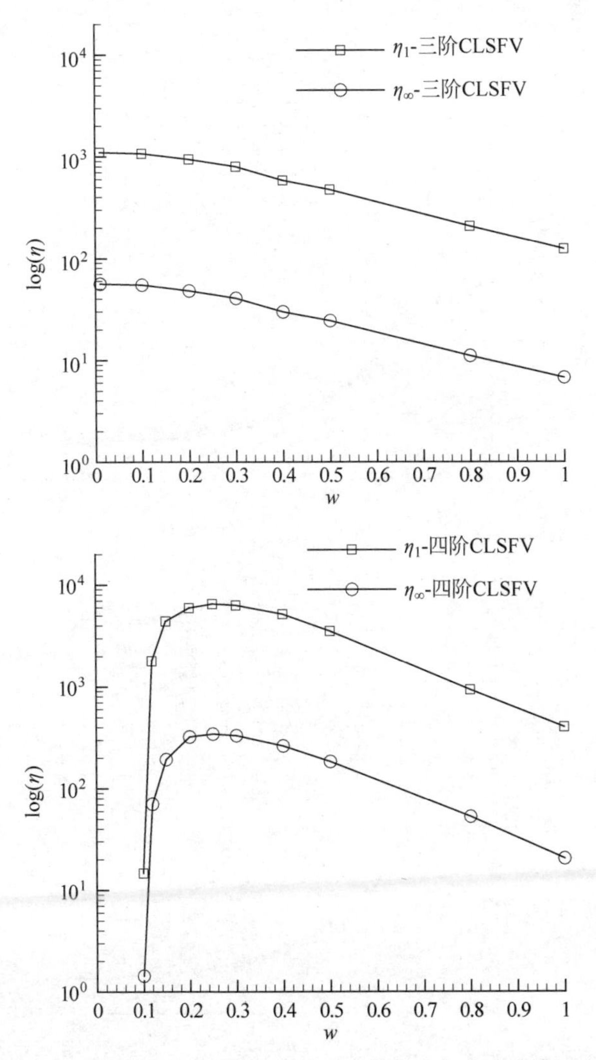

图 3.17　$h=1/4$ 规则网格上 CLSFV 格式的计算效率与自由参数 w 的关系曲线

自由参数 w 也会影响 CLS 重构矩阵的条件数，进而影响整个格式的收敛速度。由于全场联立的重构线性方程组对应的矩阵规模太大，考虑自由参数 w 对局部重构矩阵 $\mathbf{A}_i$ 条件数的影响。在规则和不规则三角形网格上的三阶和四阶 CLS 重构矩阵条件数随 w 的变化如图 3.18 所示。结果表明，重构矩阵条件数不随网格加密而增大，这证明了零均值基函数无量纲化的有效性。测试结果表明，自由参数 w 越大，重构矩阵条件数越小，

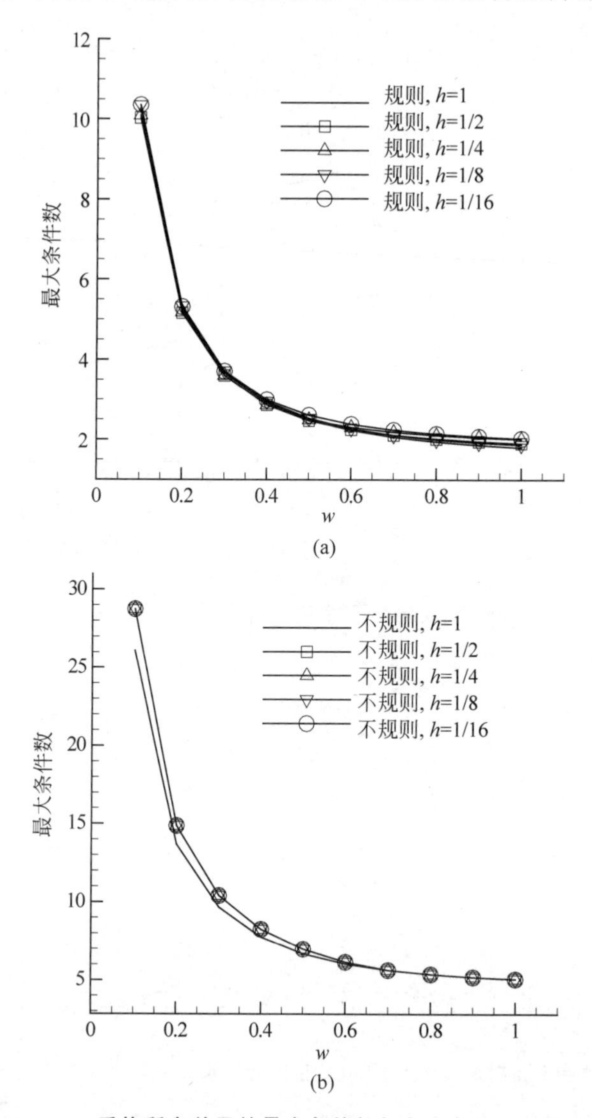

图 3.18　CLS 重构所有单元的最大条件数与自由参数 w 的关系曲线

(a) 三阶，规则三角形；(b) 三阶，不规则三角形；(c) 四阶，规则三角形；(d) 四阶，不规则三角形

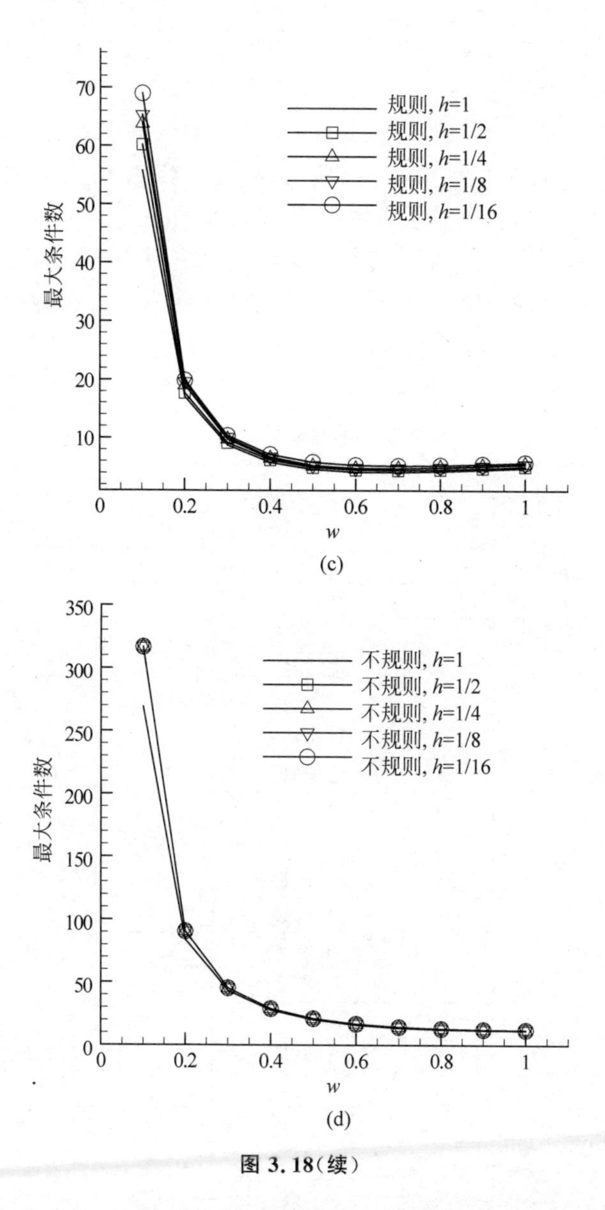

图 3.18(续)

CLSFV 格式越鲁棒,但是数值误差也越大。为兼顾精度和鲁棒性,w 的取值比计算效率最优的参数值稍大一些。对三阶 CLSFV 格式,取 $w=0.2$;对四阶 CLSFV 格式,取 $w=0.3$。

在确定了自由参数的取值之后,展示精度测试的结果。规则三角形网格上密度单元平均值的 L_1 和 L_∞ 范数误差及误差收敛阶数见表 3.4。为了更直观地比较格式的精度，在图 3.19 中展示误差随网格加密的变化曲线。表 3.4 和图 3.19 的结果表明，二阶至四阶的 CLSFV 和 k-exact 有限体积方法都能达到理论的精度阶数，并且 CLSFV 方法的误差要比 k-exact 有限体积方法更小，计算精度更高。将计算误差和 CPU 时间的关系曲线绘制在图 3.20 中。图 3.20 的曲线表明，要达到同样的精度要求，CLSFV 方法比 k-exact 有限体积方法消耗的 CPU 时间更少，即计算效率更高。另外，在网格较密时，高阶方法的计算效率远高于二阶方法。例如，要使 L_1 范数误差达到 3.0E−05 的水平，CLSFV 方法所用的 CPU 时间大约是二阶方法的 1/20。

表 3.4 规则网格上等熵涡问题的精度测试结果

格式	网格尺度	L_1 误差	阶数	L_∞ 误差	阶数
二阶 CLS/k-exact FV	1	8.94E−03	—	7.31E−02	—
	1/2	1.79E−03	2.32	2.84E−02	1.37
	1/4	4.66E−04	1.94	8.94E−03	1.67
	1/8	9.20E−05	2.34	2.34E−03	1.94
	1/16	2.27E−05	2.02	7.21E−04	1.70
三阶 CLSFV	1	5.74E−03	—	7.52E−02	—
	1/2	1.01E−03	2.51	1.85E−02	2.02
	1/4	1.55E−04	2.70	3.05E−03	2.61
	1/8	1.96E−05	2.98	4.25E−04	2.84
	1/16	2.38E−06	3.04	6.04E−05	2.82
三阶 k-exact FV	1	8.80E−03	—	1.36E−01	—
	1/2	1.90E−03	2.21	3.47E−02	1.97
	1/4	3.25E−04	2.54	6.22E−03	2.48
	1/8	4.35E−05	2.90	8.69E−04	2.84
	1/16	5.41E−06	3.01	1.16E−04	2.90
四阶 CLSFV	1	3.31E−03	—	3.31E−02	—
	1/2	2.53E−04	3.71	5.74E−03	2.53
	1/4	1.36E−05	4.22	2.57E−04	4.48
	1/8	5.50E−07	4.63	1.61E−05	4.00
	1/16	3.32E−08	4.05	8.04E−07	4.32
四阶 k-exact FV	1	4.05E−03	—	5.14E−02	—
	1/2	6.20E−04	2.71	1.27E−02	2.02
	1/4	3.81E−05	4.02	6.43E−04	4.30
	1/8	1.94E−06	4.30	3.69E−05	4.12
	1/16	1.16E−07	4.06	2.27E−06	4.02

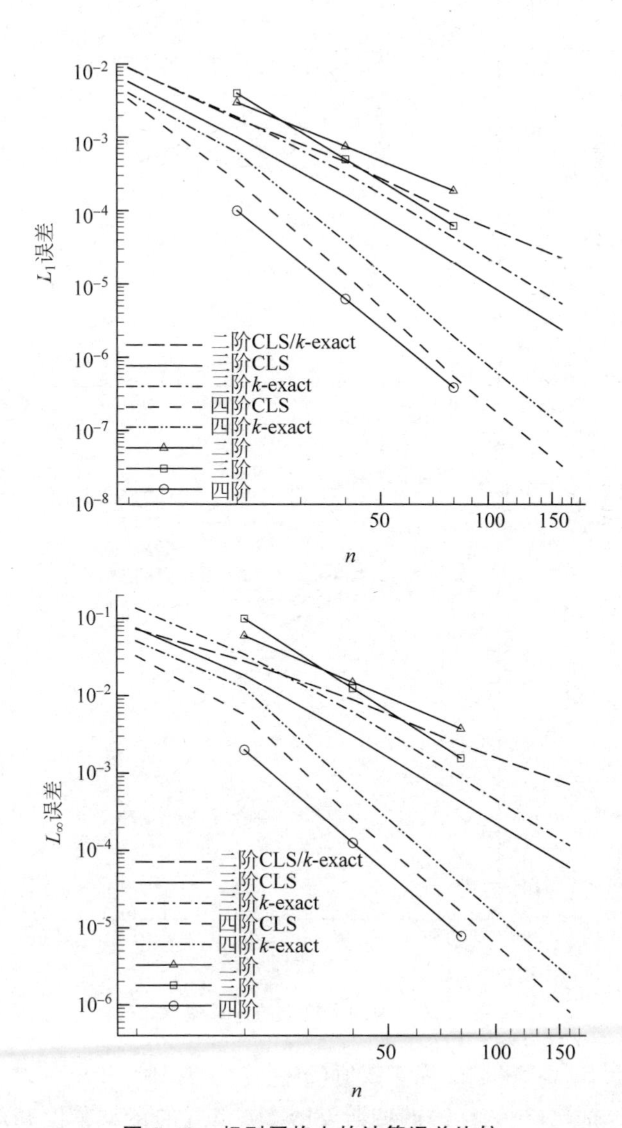

图 3.19　规则网格上的计算误差比较

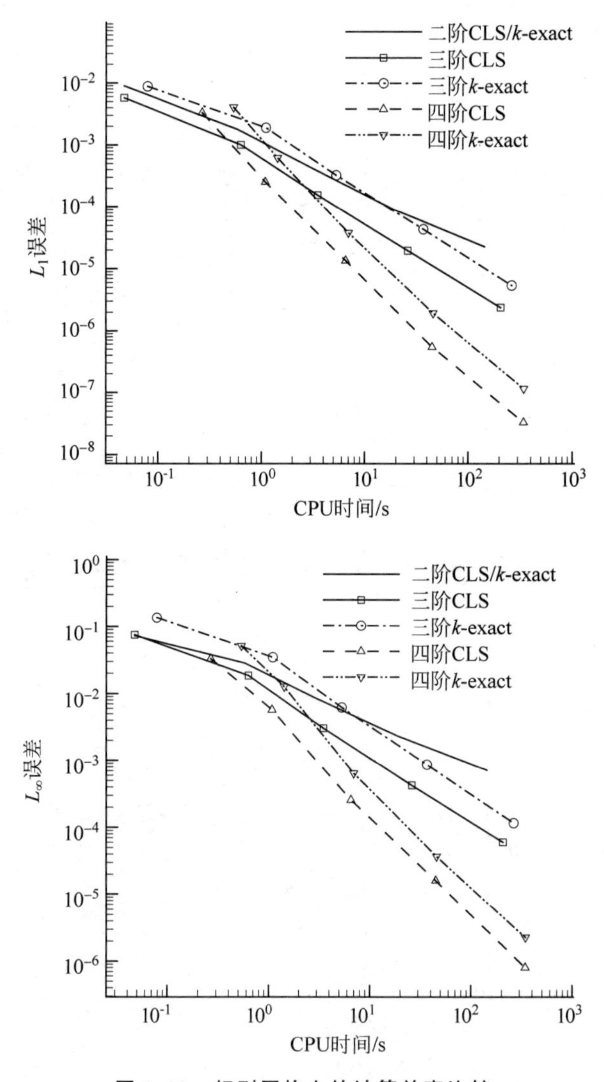

图 3.20 规则网格上的计算效率比较

在图 3.21 中，将取最优参数值($w=0.3$)的四阶 CLSFV 格式和自由参数取值未经优化($w=1.0$)的四阶 CLSFV 格式的计算精度和效率进行对比，以研究自由参数对格式精度和效率的影响。两个格式均能达到四阶精度，但优化的四阶格式误差更小，而且能用更少的 CPU 时间达到同样的精度要求，计算效率更高。因此，引入权函数可以提高格式计算效率。本书已经在一维情况下指出，权函数的引入与优化可以改善格式的谱特性。

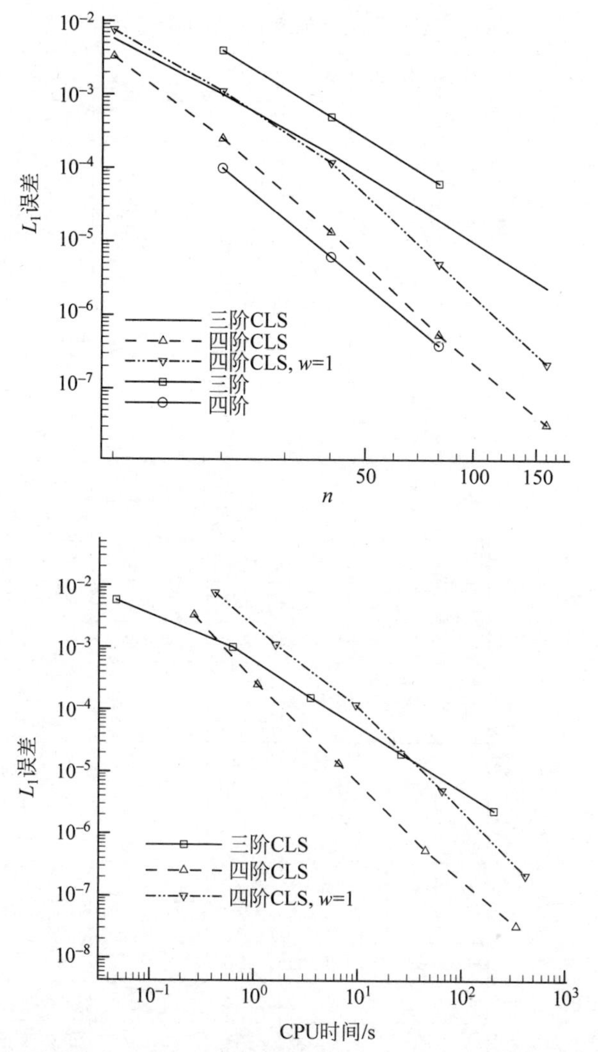

图 3.21　规则网格上两种自由参数取值的四阶 CLSFV 方法的精度和效率对比

不规则三角形网格上密度的 L_1 和 L_∞ 范数误差及收敛阶数见表 3.5。图 3.22 展示了误差随网格加密的变化曲线。表 3.5 和图 3.22 的结果表明，二阶至四阶 CLSFV 和 k-exact 有限体积方法都能达到理论的精度阶数，CLSFV 方法的误差要比 k-exact 有限体积方法更小，精度更高。图 3.23 的计算误差和 CPU 时间关系曲线表明，达到同样的精度要求，CLSFV 方法比 k-exact 有限体积方法消耗的 CPU 时间更少，计算效率更高。另外，在网格较密时，高阶方法的计算效率远高于二阶方法。

表 3.5 不规则网格上等熵涡问题的精度测试结果

格　　式	网格尺度	L_1 误差	阶　数	L_∞ 误差	阶　数
二阶 CLS/k-exact FV	1	1.90E−02	—	2.65E−01	—
	1/2	5.97E−03	1.67	1.14E−01	1.22
	1/4	1.49E−03	2.00	2.80E−02	2.02
	1/8	3.03E−04	2.30	4.02E−03	2.80
	1/16	7.46E−05	2.02	2.52E−03	0.68
三阶 CLSFV	1	1.18E−02	—	1.92E−01	—
	1/2	3.56E−03	1.72	6.27E−02	1.61
	1/4	7.46E−04	2.26	1.42E−02	2.15
	1/8	1.08E−04	2.79	2.06E−03	2.78
	1/16	1.36E−05	2.99	2.75E−04	2.91
三阶 k-exact FV	1	1.34E−02	—	2.13E−01	—
	1/2	5.56E−03	1.26	9.91E−02	1.10
	1/4	1.38E−03	2.01	2.65E−02	1.90
	1/8	2.44E−04	2.50	4.69E−03	2.50
	1/16	3.41E−05	2.84	6.65E−04	2.82
四阶 CLSFV	1	7.94E−03	—	1.24E−01	—
	1/2	1.39E−03	2.51	2.65E−02	2.23
	1/4	1.24E−04	3.49	2.15E−03	3.62
	1/8	5.87E−06	4.40	1.30E−04	4.04
	1/16	3.12E−07	4.23	6.69E−06	4.29
四阶 k-exact FV	1	1.21E−02	—	2.02E−01	—
	1/2	2.81E−03	2.10	5.48E−02	1.88
	1/4	3.83E−04	2.88	7.96E−03	2.78
	1/8	2.83E−05	3.76	5.88E−04	3.76
	1/16	1.50E−06	4.24	3.38E−05	4.12

为了说明重构和时间推进耦合迭代方案对 CLSFV 方法计算效率的提高，在表 3.6 中将四阶 CLSFV 方法和 k-exact 有限体积方法用显式和隐式 Runge-Kutta 方法进行时间积分的计算效率进行对比。显式的三阶 TVD Runge-Kutta 方法的 CFL 数是 1.0，每个 Runge-Kutta 子步 CLS 重构迭代 10 次。表 3.6 的结果显示，在使用三阶 TVD Runge-Kutta 进行时间积分时，CLSFV 方法消耗的 CPU 时间比 k-exact 有限体积方法多 3 倍，由此说

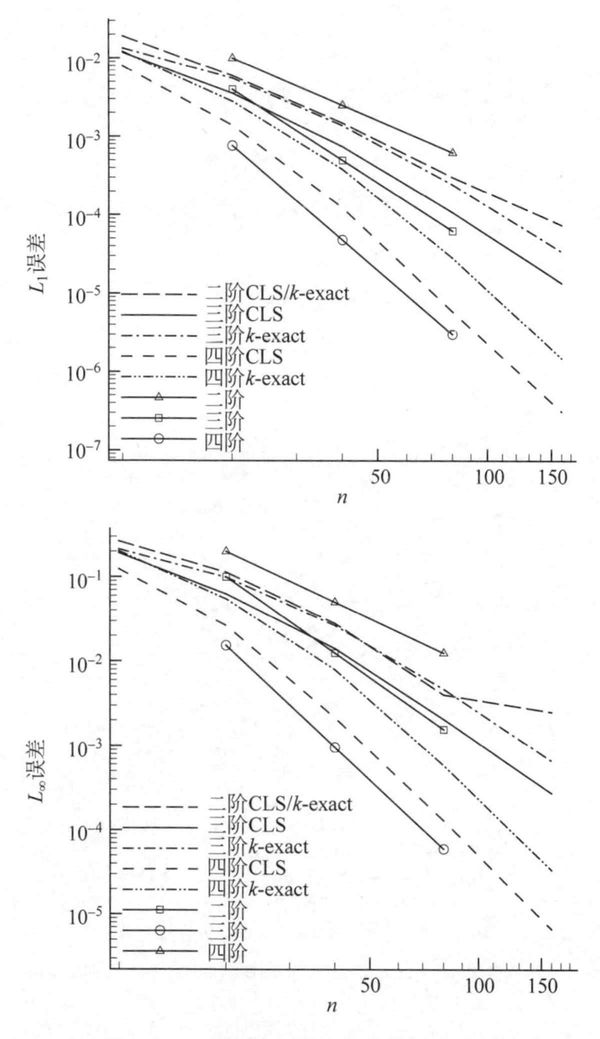

图 3.22　不规则网格上的计算误差比较

明 CLS 重构不适合与显式时间推进方法一起使用。使用隐式 Runge-Kutta 时，CLSFV 和k-exact 有限体积方法的 CPU 时间比使用显式 Runge-Kutta 时更小，误差几乎不变，说明使用隐式时间推进方法可以提高计算效率。CLSFV 方法消耗的 CPU 时间与 k-exact 有限体积方法相差无几，但计算误差却不足后者的 1/3。由此证明，本书提出的重构和时间推进耦合迭代方案，可以大幅提高 CLSFV 方法的计算效率。

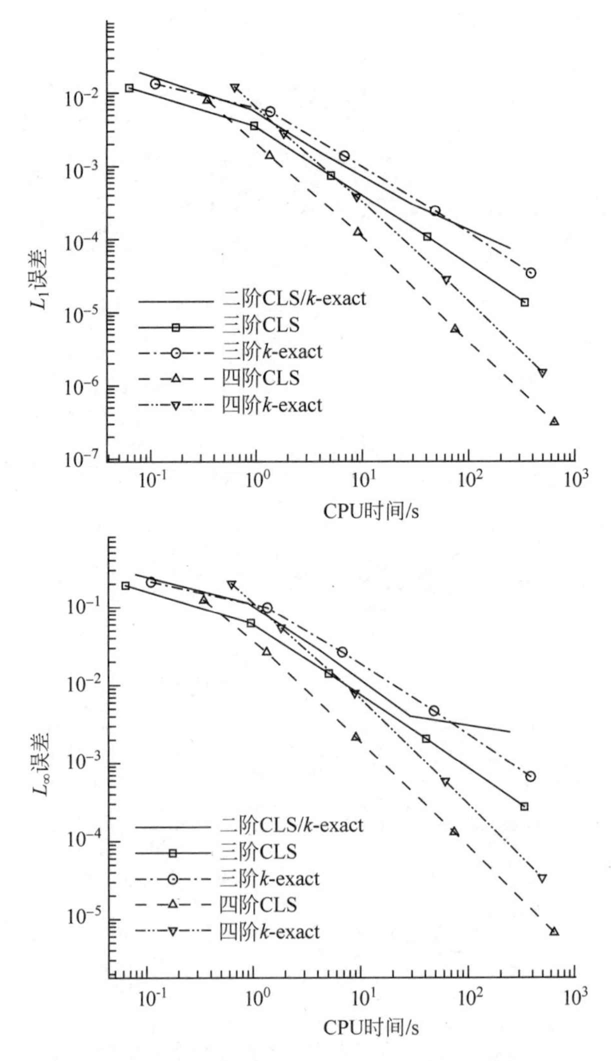

图 3.23 不规则网格上的计算效率比较

表 3.6 尺度为 1/4 的不规则三角形网格上的等熵涡问题的 CPU 时间和误差

格 式	三阶 TVD Runge-Kutta		四阶隐式 Runge-Kutta (SDIRK)	
	四阶 CLS	四阶 k-exact	四阶 CLS	四阶 k-exact
CPU 时间/s	43.13	9.24	9.06	8.99
L_1 误差	1.38E−04	3.83E−04	1.24E−04	3.83E−004
L_∞ 误差	2.48E−03	7.96E−03	2.15E−03	7.95E−003

3.6.2　亚声速圆柱绕流

本节用马赫数 $Ma_{\infty}=0.38$ 的圆柱绕流问题来测试 CLSFV 方法计算含有物理边界的流场的精度。用 Luo 等[122]的方法生成 5 个逐渐加密的 O 型网格，如图 3.24 所示。5 个网格的网格点数分别是 16×9，32×17，64×33，128×65，256×129。第一个数字代表周向网格点数，第二个数字代表径向网格点数。圆柱的半径是 $r_1=0.5$，计算域的半径是 $r_{129}=40$，$256\times$

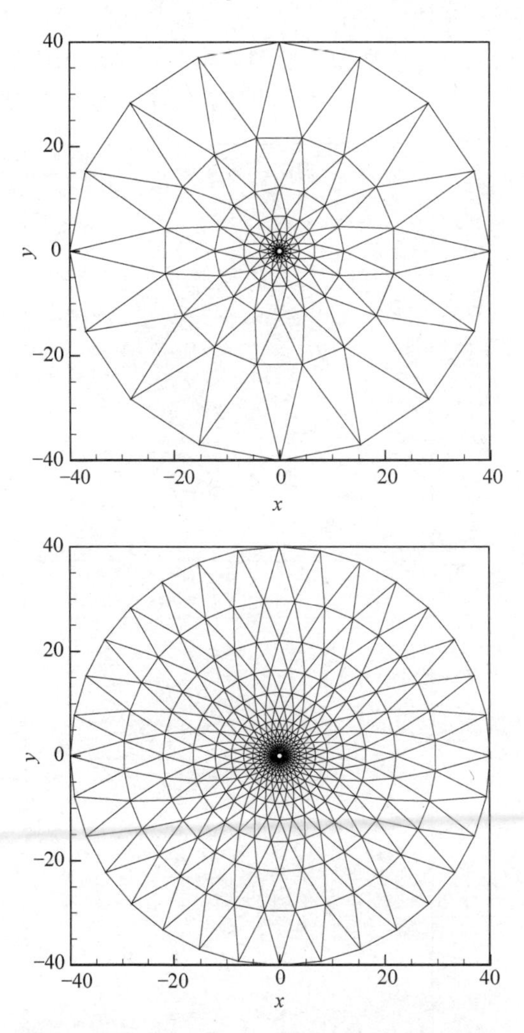

图 3.24　16×9 和 32×17 的圆柱绕流计算网格

129 网格的径向分布为

$$r_i = r_1\left(1 + \frac{2\pi}{256}\sum_{j=1}^{i-1}\alpha^j\right),\quad i = 2,\cdots,129 \tag{3-75}$$

其中，$\alpha = 1.038\,039\,45$。其他四个网格可以由最密的 256×129 网格逐渐减疏来生成。圆柱绕流问题的固壁边界是曲边界，对其进行曲边界处理。

本算例的虚拟时间步 CFL 数是 40。用三阶和四阶格式在 64×33 的网格上计算出的马赫数等值线如图 3.25 所示。图 3.25 中，三阶 CLSFV 格式的马赫数等值线在圆柱后方出现明显的不对称现象，这是格式的数值耗散较大而引起流动的熵增较大所致。而四阶格式计算出的等值线没有出现明显的不对称现象，表明四阶 CLSFV 格式的数值耗散要小于三阶 CLSFV 格式。

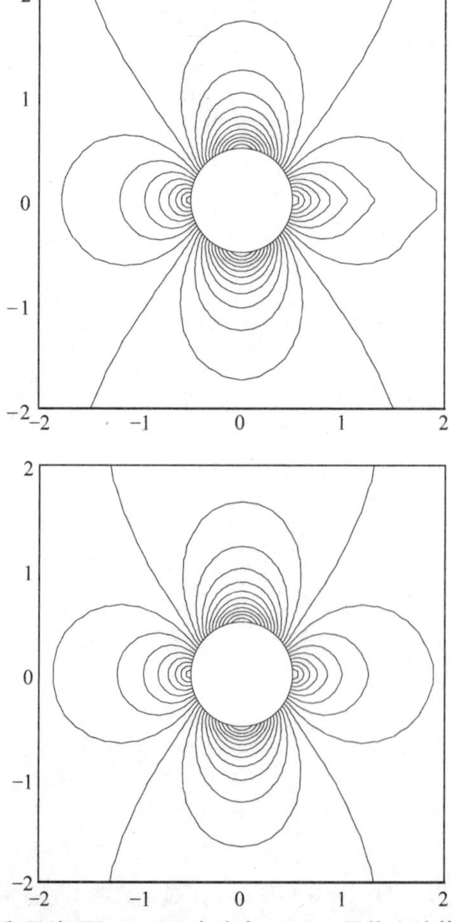

图 3.25　三阶(上)和四阶(下)CLSFV 方法在 64×33 网格上计算出的马赫数等值线

无黏亚声速圆柱绕流是等熵流动,因此可以用熵增

$$\varepsilon_{\text{ent}}=\frac{p/p_{\infty}}{(\rho/\rho_{\infty})^{\gamma}}-1 \tag{3-76}$$

来衡量格式的精度。精度测试结果见表 3.7。精度测试结果表明,以误差的 L_1 范数衡量,三阶和四阶 CLSFV 格式均能达到理论精度阶数;以 L_2 范数衡量,三阶和四阶 CLSFV 格式的精度阶数均下降半阶,这是由于 CLS 重构在边界单元上的多项式阶次比内点单元低一阶导致的。

表 3.7　圆柱绕流问题的精度测试结果

格　　式	网　　格	L_1 误差	阶　　数	L_2 误差	阶　　数
三阶 CLSFV	16×9	2.62E−02	—	4.39E−02	—
	32×17	2.53E−03	3.37	7.90E−03	2.47
	64×33	3.75E−04	2.76	1.43E−03	2.46
	128×65	5.27E−05	2.83	2.58E−04	2.47
	256×129	7.31E−06	2.85	4.72E−05	2.45
四阶 CLSFV	16×9	4.39E−02	—	7.74E−02	—
	32×17	1.27E−03	5.11	5.10E−03	3.92
	64×33	8.78E−05	3.86	4.79E−04	3.41
	128×65	5.68E−06	3.95	3.79E−05	3.66
	256×129	3.73E−07	3.93	3.04E−06	3.64

为了验证曲边界处理的必要性,在直边网格上对四阶 CLSFV 格式进行精度测试,结果见表 3.8。直边网格上的精度测试结果表明,如果不进行曲边界处理,格式的误差会显著增大,并且精度阶数也会下降,这证明了曲边界处理是非常必要的。

表 3.8　圆柱绕流问题在直边网格上的精度测试结果

格　　式	网　　格	L_1 误差	阶　　数	L_2 误差	阶　　数
四阶 CLSFV	16×9	5.52E−02	—	9.70E−02	—
	32×17	1.65E−03	5.07	6.82E−03	3.83
	64×33	2.13E−04	2.95	1.12E−03	2.61
	128×65	3.99E−05	2.42	2.82E−04	1.99
	256×129	8.95E−06	2.16	9.63E−05	1.55

3.6.3 亚声速 NACA0012 翼型绕流

用来流马赫数 $Ma_{\infty}=0.3$，攻角是 1.25°的 NACA0012 翼型绕流问题来测试 CLSFV 方法的收敛性。k-exact 有限体积方法也被用来测试，并与 CLSFV 方法的结果进行对照。计算所用的网格如图 3.26 所示。计算网格共包含 10 382 个三角形单元、5 306 个网格点，翼型表面包含 150 个网格点。

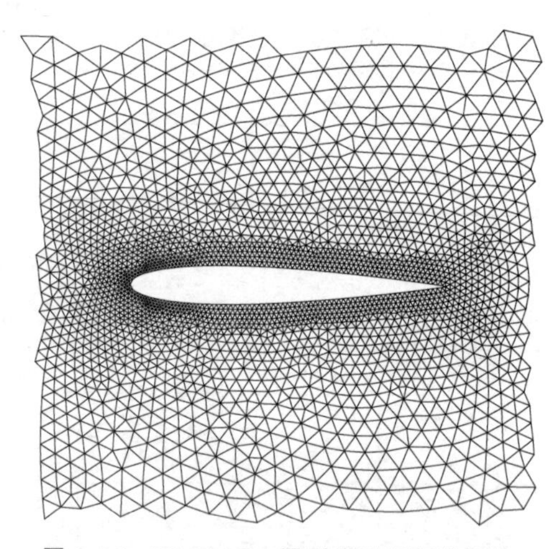

图 3.26 NACA0012 翼型绕流问题的网格

用二阶、三阶和四阶的 CLSFV 和 k-exact 有限体积方法，以无穷远来流条件为初值进行计算。虚拟时间步长的 CFL 数是 40。各格式的收敛历史曲线如图 3.27 所示。图 3.27 的结果表明，二阶至四阶的 CLSFV 和 k-exact 有限体积方法均能收敛到机器零，具有很好的收敛性。精度阶数相同的 CLSFV 和 k-exact 有限体积方法达到收敛状态所用的 CPU 时间非常接近。为了比较格式的计算效率，比较它们的误差，即熵增。图 3.28 展示了不同格式的熵增误差收敛曲线。精度阶数相同时，CLSFV 方法的熵增误差要远小于 k-exact 有限体积方法，考虑到它们所用的 CPU 时间几乎相同，因此 CLSFV 方法能够用相同的 CPU 时间获得更高精度的数值解，计算效率更高。另外，也可以从图 3.27 和图 3.28 分析出，三阶和四阶格式的计算效率远高于二阶格式。

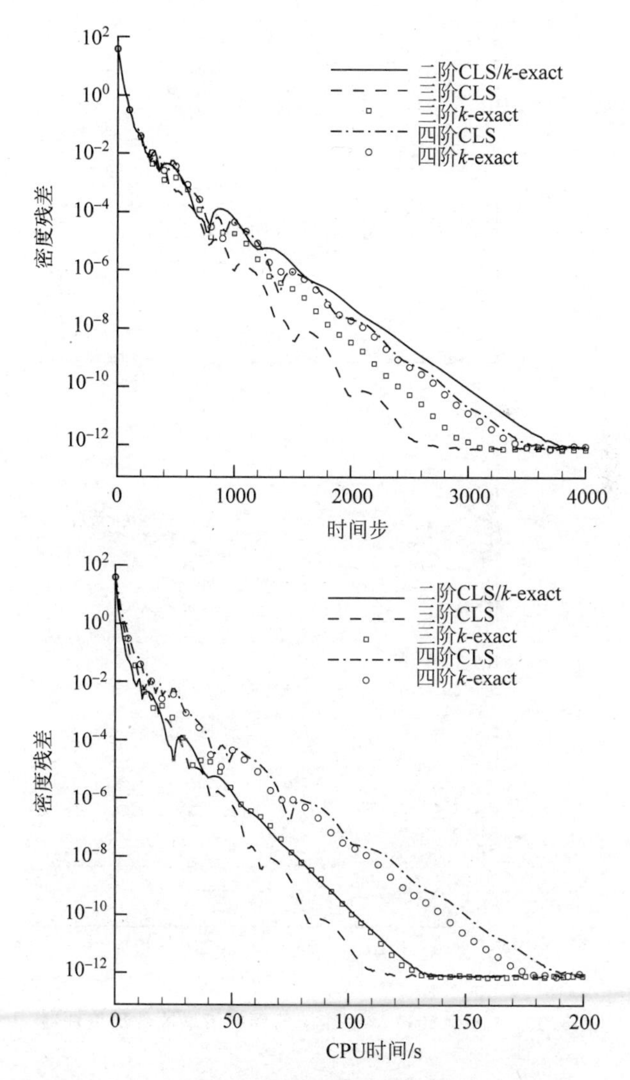

图 3.27　NACA0012 翼型绕流问题的收敛历史曲线

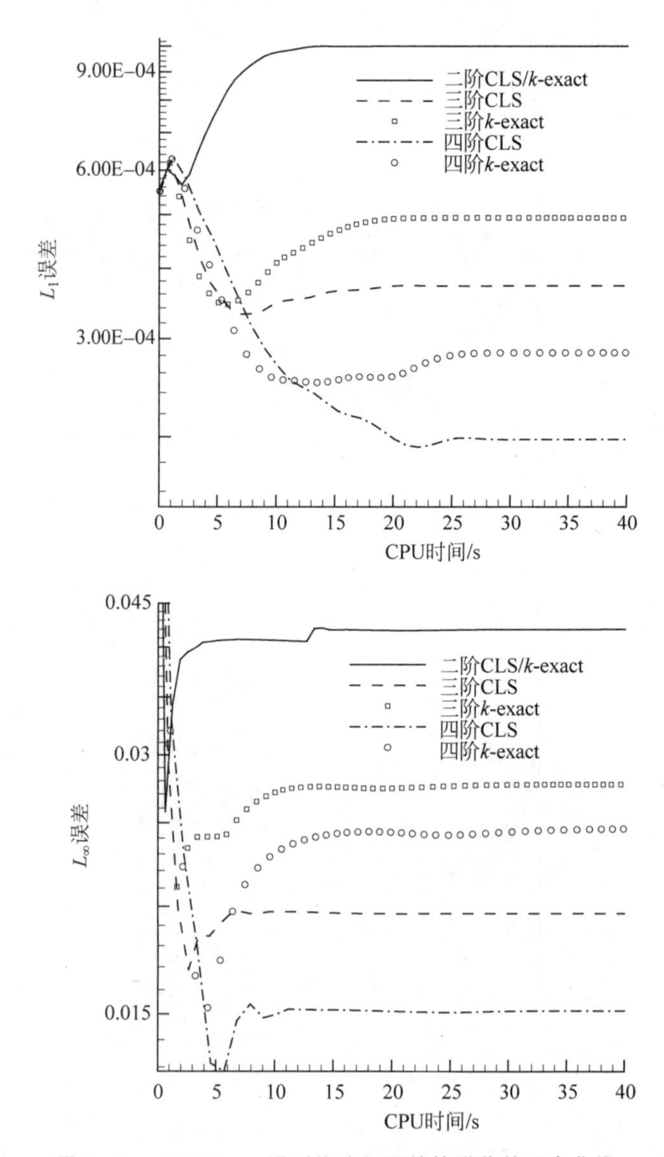

图 3.28 NACA0012 翼型绕流问题的熵增收敛历史曲线

3.6.4 双马赫反射

双马赫反射问题[120]是测试数值格式的强激波捕捉能力和分辨率的经典算例。计算域是[0,4]×[0,1]，固壁边界是 $1/6\leqslant x\leqslant 4, y=0$。初始时刻，马赫数为 10 的右行斜激波从(1/6,0)位置与 x 轴成 60°角入射。计算

终止时刻 $t=0.2$。

计算所用网格是 $h=1/240$ 的三角形网格，物理时间步长 $\Delta t=0.0002$，虚拟时间步长的 CFL 数是 10，内迭代收敛标准是残差下降 3 个数量级。图 3.29 和图 3.30 是三阶和四阶 CLSFV 方法和 k-exact 有限体积方法计算出的密度等值线图。从这些密度等值线图可以看出，计算所用的四种格式均能得到基本无波动的数值解，并且在马赫杆附近，四阶方法捕捉的流场结构比三阶方法的更加精细。通过进一步的比较可以发现，CLSFV 方法捕捉的剪切层和涡结构比 k-exact 有限体积方法捕捉的更为丰富，分辨率更高。

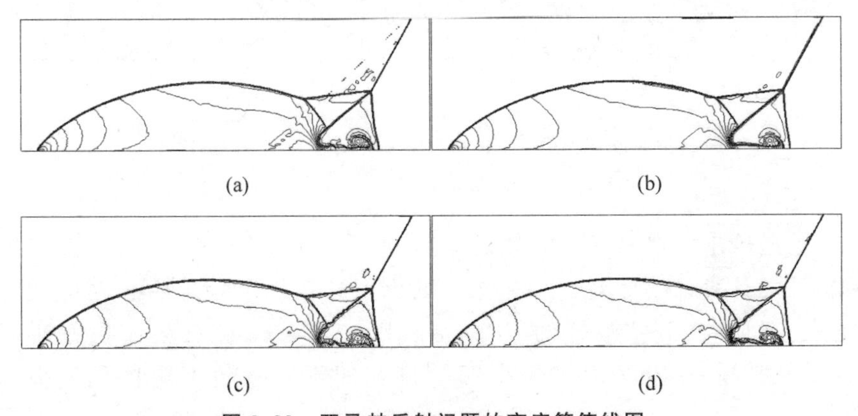

(a)　(b)　(c)　(d)

图 3.29　双马赫反射问题的密度等值线图

(a) 三阶 CLSFV；(b) 三阶 k-exact FV；(c) 四阶 CLSFV；(d) 四阶 k-exact FV

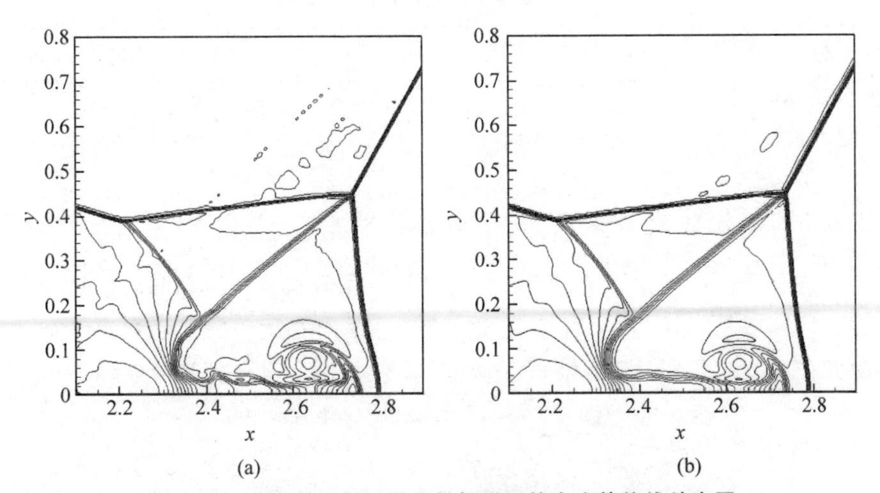

(a)　(b)

图 3.30　双马赫反射问题马赫杆附近的密度等值线放大图

(a) 三阶 CLSFV；(b) 三阶 k-exact FV；(c) 四阶 CLSFV；(d) 四阶 k-exact FV

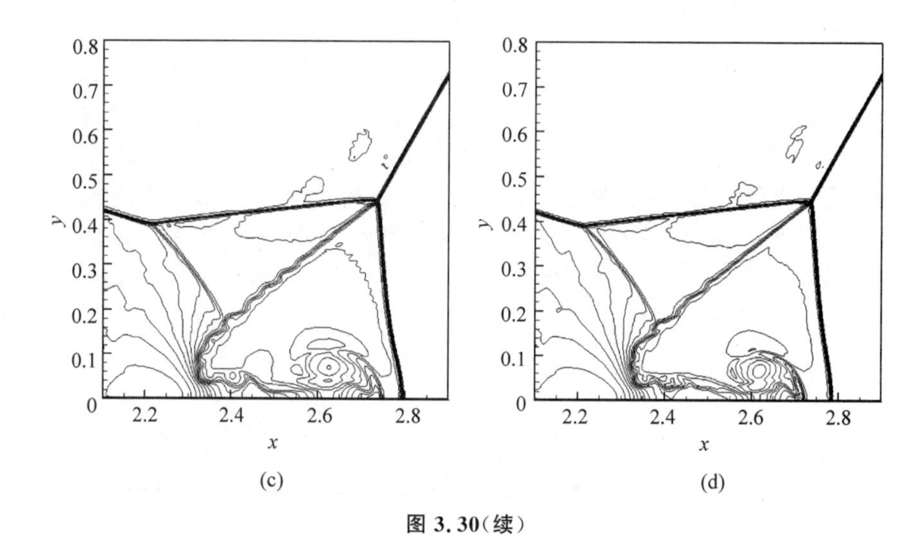

图 3.30(续)

下面给出在双马赫反射这种复杂问题中,CLSFV 和 k-exact 有限体积方法的计算开销的对比。表 3.9 列出了计算所用的几种格式的 CPU 时间。三阶 CLSFV 消耗的 CPU 时间比三阶 k-exact 有限体积方法多 10.5%,四阶 CLSFV 消耗的 CPU 时间比四阶 k-exact 有限体积方法多 29.0%。

表 3.9 双马赫反射问题的 CPU 时间

格　式	三阶 CLS	三阶 k-exact	四阶 CLS	四阶 k-exact
CPU 时间/s	30 619.05	27 701.07	45 722.75	35 440.90

3.6.5 正激波绕过复杂形状障碍物

这个算例用来验证 CLSFV 方法对复杂几何和复杂流动问题的适应能力。计算域是[0,8]×[0,6]。初始时刻,一个向右运动的马赫数是 2 的正激波在 $x=2.25$ 处,与 x 轴垂直,如图 3.31 所示。具体的初值条件为

$$(\rho_0,u_0,v_0,p_0)=\begin{cases}(3.733\,24,1.249\,98,0,4.5), & 0\leqslant x\leqslant 2.25\\(1.4,0,0,1), & 2.25<x\leqslant 10\end{cases} \tag{3-77}$$

整个问题的物理过程是激波向右运动,绕过流场中间的障碍物,在此过程中

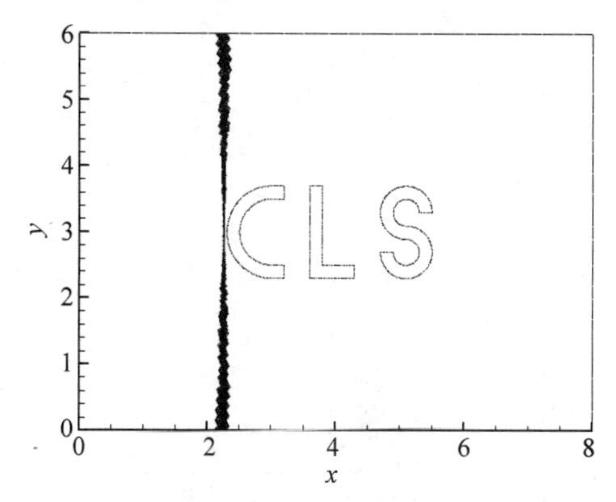

图 3.31 正激波绕过复杂几何形状障碍物问题的初始密度分布

由一系列的激波反射、相交等过程而形成复杂的激波结构。计算所用的网格包含 157 124 个三角形单元，边界上共有 1 971 个网格点，如图 3.32 所示。物理时间步长 $\Delta t=0.001$，计算终止时刻 $t=2.5$。虚拟时间步长的 CFL 数是 10，内迭代收敛标准是残差下降 3 个数量级。

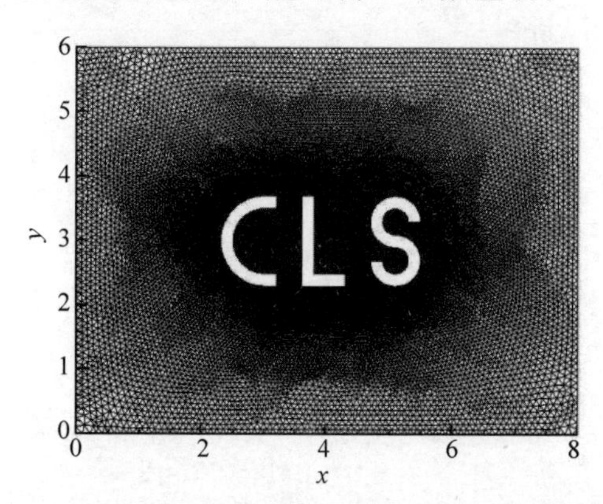

图 3.32 正激波绕过复杂几何形状障碍物问题的网格

图 3.33～图 3.37 展示了三阶和四阶 CLSFV 格式计算出的 $t=0.5$，1.0，1.5，2.0，2.5 时刻的密度等值线图。从这些图中可以看出，高阶 CLSFV 方法能够得到基本无波动的数值解，并且能够捕捉重要的小尺度流场结构。图 3.38 展示了 $t=1.5$ 时刻障碍物附近的复杂流场结构。本算例的计算结果证明了 CLSFV 方法能够很好地适应复杂几何形状和复杂流动。

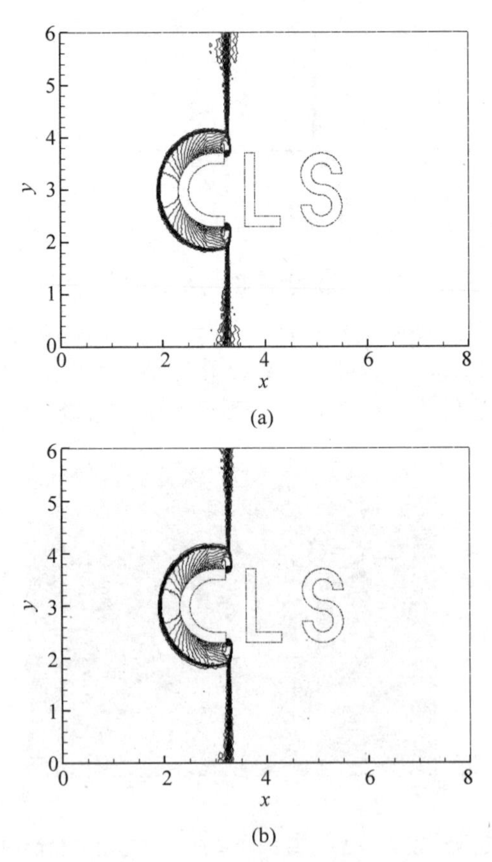

图 3.33 正激波绕过复杂几何形状障碍物问题 $t=0.5$ 时刻的密度分布

(a) 三阶 CLSFV；(b) 四阶 CLSFV

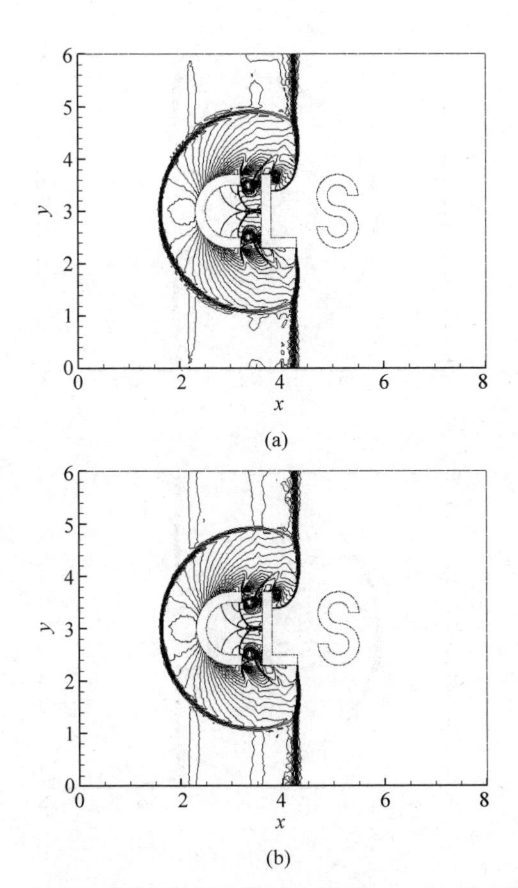

图 3.34　正激波绕过复杂几何形状障碍物问题 $t=1.0$ 时刻的密度分布

(a) 三阶 CLSFV；(b) 四阶 CLSFV

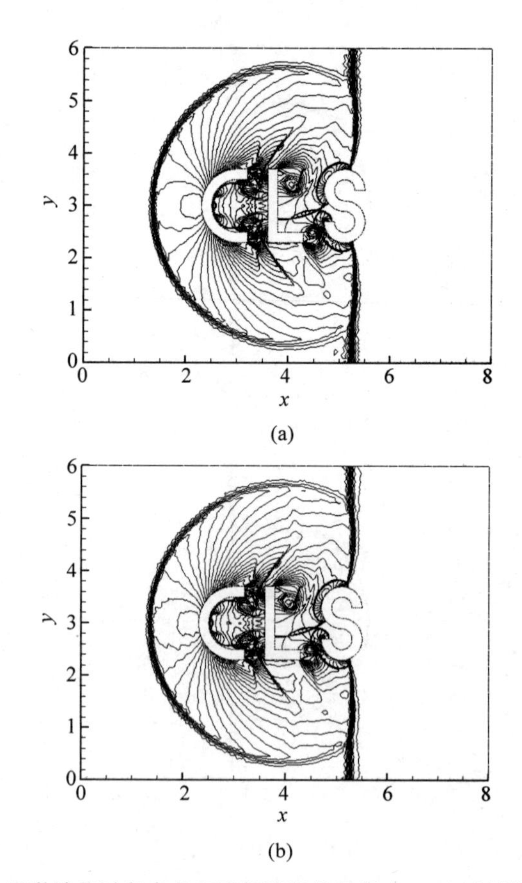

图 3.35 正激波绕过复杂几何形状障碍物问题 $t=1.5$ 时刻的密度分布

（a）三阶 CLSFV；（b）四阶 CLSFV

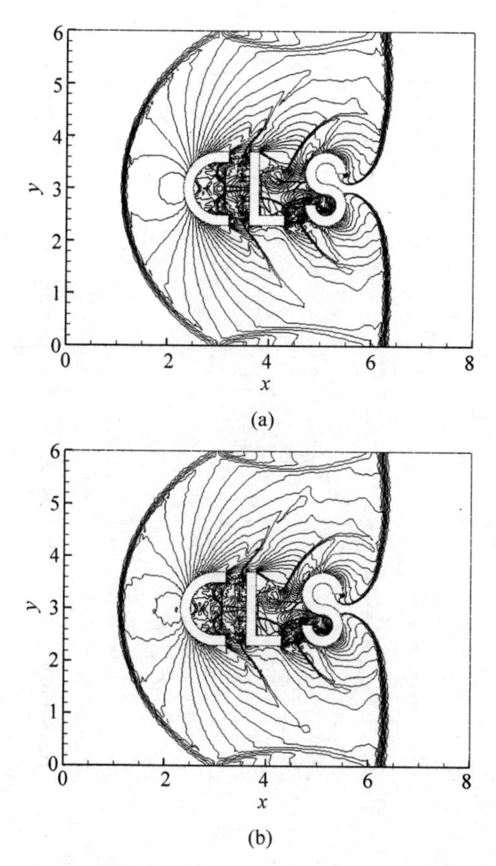

图 3.36　正激波绕过复杂几何形状障碍物问题 $t=2.0$ 时刻的密度分布

(a) 三阶 CLSFV；(b) 四阶 CLSFV

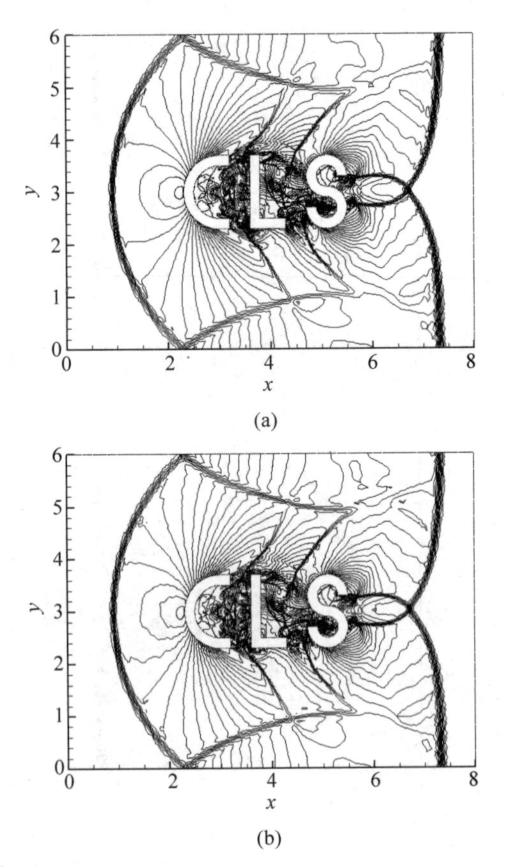

图 3.37 正激波绕过复杂几何形状障碍物问题 $t=2.5$ 时刻的密度分布

(a) 三阶 CLSFV；(b) 四阶 CLSFV

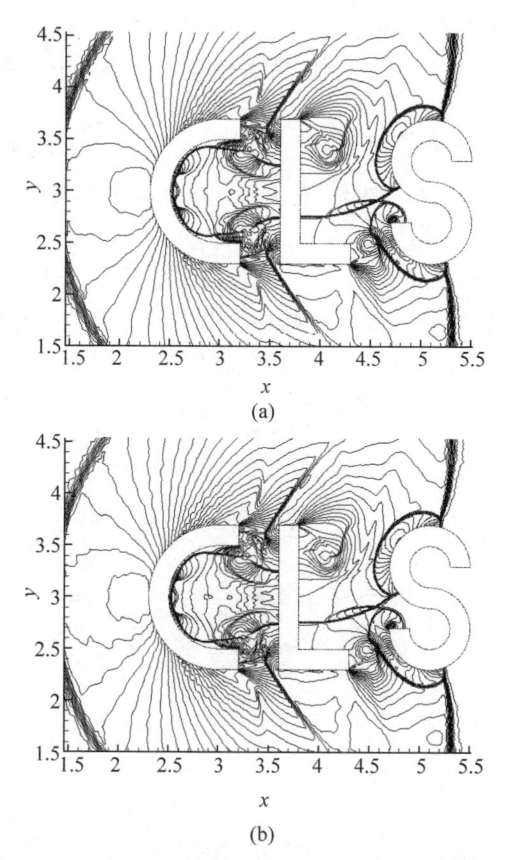

图 3.38　正激波绕过复杂几何形状障碍物问题 $t=1.5$ 时刻障碍物附近的密度分布

(a) 三阶 CLSFV；(b) 四阶 CLSFV

3.7　本章小结

本章提出了能够在紧致模板上达到任意高阶精度的紧致最小二乘重构。在紧致最小二乘重构中，通过令中心单元的重构多项式及其空间导数在相邻单元上守恒来构造重构关系式。相比于传统的 k-exact 重构，导数的守恒提供了额外的重构方程，使得紧致最小二乘重构能够在紧致模板上达到高阶精度。紧致最小二乘的重构线性方程组是超定的，通过最小二乘方法求解。在一维情形下，紧致最小二乘重构的法方程对应一个块三对角方程组，可以直接求解；在多维情形下，紧致最小二乘重构的法方程对应于一个大型稀疏线性方程组，直接解法和迭代解法的计算量都很大。本章提出的“重构和时间推进耦合迭代”方案提高了紧致最小二乘有限体积方法的计算效率。

傅里叶分析结果表明，紧致最小二乘重构的色散和耗散特性优良。Von-Neumann 稳定性分析结果表明，紧致最小二乘有限体积方法是稳定的。

一维和二维欧拉方程的算例验证结果表明，紧致最小二乘有限体积方法具有高阶精度，鲁棒性强，与 WBAP 限制器配合使用时能够捕捉强激波。另外，通过采用“重构和时间推进耦合迭代”方案，紧致最小二乘有限体积方法的计算效率高于传统的 k-exact 有限体积方法。

第4章 变分有限体积方法

为了克服传统高精度有限体积方法重构模板巨大的问题，在第3章提出了CLS重构，能够在紧致模板上达到任意高阶精度。在一维情况下，CLS重构线性方程组是块三对角的，可以快速直接求解；而在多维情况下，CLS重构的线性方程组是大型稀疏的，因此无论是直接或者迭代解法都很费时，为此提出了"重构和时间推进耦合迭代"方案，使得CLSFV方法在隐式时间积分框架下，CPU时间消耗接近传统的k-exact有限体积方法，而计算误差显著小于后者。所以在隐式时间积分框架下，达到同样的精度要求，CLSFV方法消耗的CPU时间更少，计算效率更高。数值测试结果表明，CLSFV方法能够达到理论精度阶数，捕捉强激波，适应复杂几何形状。

CLS重构的主要缺点在于边界处理。在CLS重构中，边界单元的重构多项式的阶次要比内点单元低一阶，因此CLSFV方法在计算包含物理边界的问题时，精度阶数会略低于理论值。另外，与基于最小二乘的k-exact重构相似，CLS重构的矩阵不能保证是非奇异的。虽然CLS重构矩阵奇异在第3章的数值测试中并未发现，但是不能在理论上规避重构矩阵的奇异性，就不能保证CLSFV方法对复杂问题的鲁棒性。

为了改进紧致重构，本章提出了变分重构(variational reconstruction)方法。这是一类非结构网格高精度紧致重构方法，基本思想是通过求解泛函极值问题，得到一个"最光滑"的分片多项式分布。和CLS重构一样，变分重构也是隐式重构。基于隐式重构的高精度有限体积方法能够达到高效的基础就是在上一章提出的重构和时间推进耦合迭代方案。变分重构的关键是设计合适的泛函，使得导出的变分重构具有模板紧致、色散和耗散误差小及收敛性好等优良性质。

本章详细研究的一种变分重构方案的泛函是计算域所有网格交界面上的"界面跳跃积分"(interfacial jump integration，IJI)之和。IJI是界面两侧单元重构多项式及其各阶导数的差的平方和的积分。因此，泛函取极小值意味着计算域上所有网格界面两侧单元的分布"最连续"。用变分方法导出泛函取极小值时各单元重构多项式待定系数所满足的线性方程组。每个中心单元的重构线性方程组只包含面相邻单元的重构多项式信息，所以变分重构是紧致的。将所有单元的重构线性方程组联立，可得到一个以全场所有单元重构多项式待定系数为未知量的大型稀疏线性方程组。采用在第3章提出的"重构和时间推进耦合迭代"方案，即将重构线性方程组的迭代求解与时间积分过程耦合，从而获得高效的基于变分重构的有限体积方法。

基于变分重构的有限体积方法，称为"变分有限体积(variational finite volume, VFV)方法"。VFV方法相对于CLSFV方法的优势有三点：精度和效率更高，边界处理更加简单，重构矩阵非奇异。下面逐一阐述这三个优势。

VFV方法的精度和效率比CLSFV方法高。变分重构的分片多项式分布是通过极小化网格界面两侧多项式及各阶导数的差而得到的。网格界面上两侧多项式的差越小，无黏通量求解器的左、右状态的差越小，数值黏性越小；网格界面上两侧多项式的一阶导数的差越小，黏性通量的计算精度越高。本章将通过傅里叶分析证明，变分重构比CLS重构的色散和耗散误差更小，因而计算精度更高。数值测试结果表明，变分重构可以用更少的CPU时间来达到同样的精度要求，因此其计算效率更高。Sun等[123]的研究给出的结论是，网格界面上左、右单元重构多项式的变差越小，计算得到的无黏可压缩流场解的精度和分辨率更高。而本书的IJI，不只包含重构多项式的变差，还包含了重构多项式导数的变差，因此可以视为一种广义的变差。"计算域的IJI之和最小"提供了一种设计低色散、低耗散格式的准则。

VFV方法的边界处理比CLSFV方法更加方便。多维CLS重构必须在边界附近降阶，即边界单元的重构多项式阶次比内点单元低一阶，因为边界单元的面相邻单元个数比内点单元少，重构线性方程数量不足。但是在多维情况下，变分重构在边界单元上也能提供足够多的重构线性方程，因而在边界附近无需降阶。因此，相比于CLS重构，变分重构的边界处理更加简单，也更加准确。另外，变分重构对边界条件的处理也比CLS重构更加方便。例如，CLS重构和k-exact重构均需要采用约束最小二乘的办法才能将第一类边界条件引入重构方程组，而变分重构仅需要将边界面上的IJI加到泛函中。

VFV方法相对于CLSFV方法的一个重大改进，是重构矩阵的非奇异性。变分重构对应于一个全局的泛函极值问题，可以证明其重构矩阵是对称正定的，因此重构矩阵是非奇异的(可逆的)。重构矩阵的非奇异性保证了变分重构的解的存在性和唯一性,这是变分重构相对于 CLS 和 k-exact 重构的一个巨大的优势。对于 CLS 重构,不能证明其重构矩阵一定是非奇异的,因为 CLS 重构对应的是局部泛函极值问题。而对于 k-exact 重构,已经有研究发现其在某些情形下是奇异的[20,124]。对变分重构矩阵进一步的研究发现,变分重构线性方程组的 block Jacobi,block Gauss-Seidel,block SOR(松弛因子 $0<\omega<2$)迭代法均收敛。

本章的研究思路如下。首先介绍变分重构的基本原理,导出变分重构线性方程组,然后分析重构矩阵的性质,确定求解方法。然后通过傅里叶分析研究变分重构的色散、耗散特性和稳定性。求解黏性问题时,在重构中需要考虑无滑移固壁等边界条件,因此将介绍如何在变分重构中引入第一类和第二类边界条件。至此已经给出了完整的变分重构方案。但是变分重构不是唯一的,不同的泛函对应不同的重构格式。虽然难以确定"最优泛函",但是可以通过对前面变分重构性质的分析,给出构造泛函的一般准则。在本章的最后,通过大量的欧拉方程和 Navier-Stokes 方程的标准算例来验证格式的精度、效率和激波捕捉能力。

4.1　变分重构基本原理

本节介绍任意二维非结构网格(三角形、四边形和三角形/四边形混合网格)上的变分重构。混合网格上的紧致重构模板 $S_i=\{i,j_1,j_2,j_3\}$ 如图 4.1 所示。

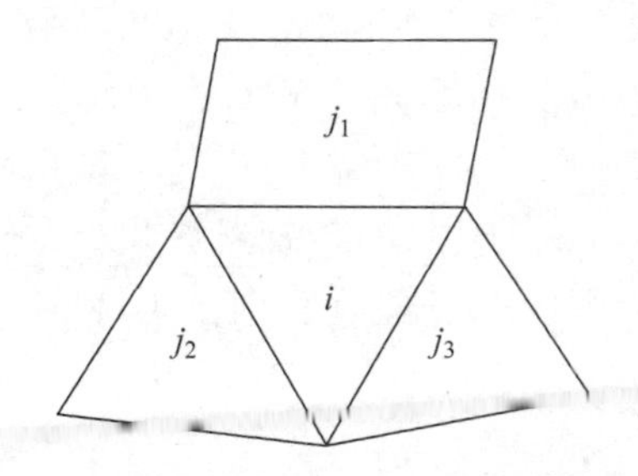

图 4.1　二维混合网格上的紧致重构模板

变分重构的目标,是在已知计算域 Ω 上所有单元的平均值

$$\bar{u}_j=\frac{1}{\bar{\Omega}_j}\iint_{\Omega_j}u(x)\mathrm{d}x\mathrm{d}y,\quad j=1,2,\cdots,N \tag{4-1}$$

的情况下,求出函数 u 在计算域上的一个 k 次分片连续多项式分布,即在

任意一个单元 i 上,用如下的 k 次多项式

$$u_i(\boldsymbol{x}) = \bar{u}_i + \sum_{l=1}^{N_c(k)} u_i^l \varphi_{l,i}(\boldsymbol{x}) \tag{4-2}$$

来逼近 u 在单元 i 上的分布。u_i^l 是待定系数,共有 $N_c(k)=C_{k+2}^2-1$ 个。$\varphi_{l,i}(\boldsymbol{x})$是零均值基函数,定义为

$$\begin{aligned} &\varphi_{l,i}(\boldsymbol{x}) = (\delta x_i)^m(\delta y_i)^n - \overline{(\delta x_i)^m(\delta y_i)^n}, \\ &\overline{(\delta x_i)^m(\delta y_i)^n} = \frac{1}{\bar{\Omega}_i}\int_{\Omega_i}(\delta x_i)^m(\delta y_i)^n \mathrm{d}x\mathrm{d}y, \\ &\delta x_i = (x - x_i)/\Delta x_i, \quad \delta y_i = (y - y_i)/\Delta y_i \end{aligned} \tag{4-3}$$

其中,Δx_i,Δy_i,Δz_i 是用来对基函数进行无量纲化的特征尺度,计算公式为

$$\Delta x_i = (x_{\max} - x_{\min})/2, \quad \Delta y_i = (y_{\max} - y_{\min})/2, \quad \Delta z_i = (z_{\max} - z_{\min})/2 \tag{4-4}$$

其中,$x_{\max}$,$y_{\max}$,$z_{\max}$ 和 $x_{\min}$,$y_{\min}$,$z_{\min}$ 分别是控制体 i 的 x,y,z 坐标的最大值和最小值。重构的具体目标就是确定待定系数 u_i^l,$l=1,\cdots,N_c(k)$。

4.1.1 变分重构基本原理

变分重构是一类模板紧致的高精度重构方法的总称。这类重构方法的原理是,定义一个泛函来衡量计算域上的分片 k 次多项式分布的光滑性,使得泛函取极小值的分片 k 次多项式分布即是变分重构的解。求解重构多项式待定系数的线性方程组是用变分法导出的,因此称这类重构为“变分重构”。一个泛函对应于一个变分重构格式,因此合理地定义泛函是设计变分重构的关键。

本章具体研究的泛函,是基于“界面跳跃积分”定义的。对于一个单元交界面 f,其左、右两侧的单元编号分别是 L,R,那么界面 f 上的 IJI 定义为

$$I_f = \frac{1}{d_{\mathrm{LR}}}\int_f \sum_{p=0}^{k}\left(\frac{1}{p!}\frac{\partial^p u_{\mathrm{L}}}{\partial \tilde{x}^p}(d_{\mathrm{LR}})^p - \frac{1}{p!}\frac{\partial^p u_{\mathrm{R}}}{\partial \tilde{x}^p}(d_{\mathrm{LR}})^p\right)^2 \mathrm{d}s \tag{4-5}$$

其中,d_{LR} 是 L 和 R 的单元中心之间的距离,$\tilde{x}$ 是 f 的法向坐标。IJI 是网格界面两侧单元的重构多项式及其各阶导数的分布的光滑性的一种衡量,IJI 越小,两侧单元的多项式及其各阶导数的差别越小,分布也就越光滑。变分重构的泛函是计算域上的所有单元交界面上的 IJI 之和,即

$$I=\sum_{f=1}^{N_f} I_f \tag{4-6}$$

其中，N_f 是计算域上的单元交界面的总数。变分重构用来求解重构多项式待定系数的基本关系式是令泛函 I 取极小值导出的，即

$$\frac{\partial I}{\partial u_i^l}=0,\quad l=1,\cdots,N_c(k),\quad i=1,\cdots,N \tag{4-7}$$

根据式(4-5)的定义，单元 i 的重构多项式系数 u_i^l 只出现在单元 i 的界面上的 IJI 中，因此求解 u_i^l 的方程只会用到图 4.1 所示的紧致重构模板 S_i 上的信息。为了导出式(4-7)的方程的具体形式，将方程(4-2)代入方程(4-5)～方程(4-7)，得到

$$\begin{aligned}
&\sum_{m=1}^{N_c(k)}\left[\sum_{j\in S_i,j\neq i}\int_{\partial\Omega_i\cap\partial\Omega_j}\sum_{p=0}^{k}\frac{(d_{ij})^{2p-1}}{(p!)^2}\frac{\partial^p\varphi_{l,i}}{\partial\tilde{x}^p}\frac{\partial^p\varphi_{m,i}}{\partial\tilde{x}^p}\mathrm{d}s\right]u_i^m=\\
&\sum_{j\in S_i,j\neq i}\sum_{n=1}^{N_c(k)}\left[\int_{\partial\Omega_i\cap\partial\Omega_j}\sum_{p=0}^{k}\frac{(d_{ij})^{2p-1}}{(p!)^2}\frac{\partial^p\varphi_{l,i}}{\partial\tilde{x}^p}\frac{\partial^p\varphi_{n,j}}{\partial\tilde{x}^p}\mathrm{d}s\right]u_j^n+\\
&\sum_{j\in S_i,j\neq i}\int_{\partial\Omega_i\cap\partial\Omega_j}\frac{\varphi_{l,i}}{d_{ij}}(\bar{u}_j-\bar{u}_i)\mathrm{d}s,\\
&l=1,\cdots,N_c(k),\quad i=1,\cdots,N
\end{aligned} \tag{4-8}$$

式(4-8)的矩阵形式是

$$\boldsymbol{A}_i\boldsymbol{u}_i=\sum_{j\in S_i,j\neq i}\boldsymbol{B}_i^j\boldsymbol{u}_j+\boldsymbol{b}_i,\quad i=1,\cdots,N \tag{4-9}$$

上式中的矩阵和向量为

$$\begin{cases}
\boldsymbol{u}_i=[u_i^1,u_i^2,\cdots,u_i^{N_c(k)}]^{\mathrm{T}}\\
\boldsymbol{A}_i=\left[\sum_{j\in S_i,j\neq i}\int_{\partial\Omega_i\cap\partial\Omega_j}\sum_{p=0}^{k}\frac{(d_{ij})^{2p-1}}{(p!)^2}\frac{\partial^p\varphi_{l,i}}{\partial\tilde{x}^p}\frac{\partial^p\varphi_{m,i}}{\partial\tilde{x}^p}\mathrm{d}s\right]_{N_c(k)\times N_c(k)}\\
\boldsymbol{B}_i^j=\left[\int_{\partial\Omega_i\cap\partial\Omega_j}\sum_{p=0}^{k}\frac{(d_{ij})^{2p-1}}{(p!)^2}\frac{\partial^p\varphi_{l,i}}{\partial\tilde{x}^p}\frac{\partial^p\varphi_{n,j}}{\partial\tilde{x}^p}\mathrm{d}s\right]_{N_c(k)\times N_c(k)}\\
\boldsymbol{b}_i=\left[\sum_{j\in S_i,j\neq i}\int_{\partial\Omega_i\cap\partial\Omega_j}\frac{\varphi_{l,i}}{d_{ij}}(\bar{u}_j-\bar{u}_i)\mathrm{d}s\right]_{N_c(k)}
\end{cases} \tag{4-10}$$

可以用精度足够高的高斯数值积分精确地计算重构矩阵表达式中的面积分。

将所有单元的重构线性方程组(4-10)组装起来，得到以全场单元的重构多项式待定系数为未知数的大型稀疏线性方程组：

$$\boldsymbol{A}\boldsymbol{u}=\boldsymbol{b} \tag{4-11}$$

其中，

$$\begin{aligned}&\boldsymbol{A}=\boldsymbol{D}-\boldsymbol{L}-\boldsymbol{U},\\&\boldsymbol{D}=\{\boldsymbol{A}_i\},\boldsymbol{L}=\{\boldsymbol{B}_i^j,j<i\},\boldsymbol{U}=\{\boldsymbol{B}_i^j,j>i\},\\&\boldsymbol{u}=\{\boldsymbol{u}_i\},\boldsymbol{b}=\{\boldsymbol{b}_i\}\end{aligned} \tag{4-12}$$

需要说明的一点是，变分重构在边界单元上也能提供足够的关系式，因此变分重构不需要像 CLS 重构那样在边界附近降阶。相比于 CLS 重构，变分重构的边界处理更加简单，精度也更高。

4.1.2 重构矩阵特性分析

在讨论方程组(4-11)的解法之前，先来证明矩阵 $\boldsymbol{A}$ 具有如下性质：

(i) $\boldsymbol{A}$ 是对称的；

(ii) $\boldsymbol{A}$ 是正定的；

(iii) $2\boldsymbol{D}-\boldsymbol{A}$ 是对称正定的。

证明：

(i) 根据 $\boldsymbol{A}_i=(\boldsymbol{A}_i)^{\mathrm{T}}$ 和 $\boldsymbol{B}_i^j=(\boldsymbol{B}_j^i)^{\mathrm{T}}$ 可以推导出 $\boldsymbol{A}=\boldsymbol{A}^{\mathrm{T}}$；

(ii) 矩阵 $\boldsymbol{A}$ 的二次型是：

$$\begin{aligned}\boldsymbol{u}^{\mathrm{T}}\boldsymbol{A}\boldsymbol{u}&=\sum_{i=1}^{N}\boldsymbol{u}_i^{\mathrm{T}}\Big(\boldsymbol{A}_i\boldsymbol{u}_i-\sum_{j\in S_i,j\neq i}\boldsymbol{B}_i^j\boldsymbol{u}_j\Big)\\&=\sum_{i=1}^{N}\sum_{j\in S_i,j\neq i}\sum_{p=0}^{k}\frac{(d_{ij})^{2p-1}}{(p!)^2}\int_{\partial\Omega_i\cap\partial\Omega_j}\frac{\partial^p\hat{u}_i}{\partial\tilde{x}^p}\left(\frac{\partial^p\hat{u}_i}{\partial\tilde{x}^p}-\frac{\partial^p\hat{u}_j}{\partial\tilde{x}^p}\right)\mathrm{d}s\\&=\sum_{f=1}^{N_f}\int_f\sum_{p=0}^{k}\frac{(d_{ij})^{2p-1}}{(p!)^2}\left(\frac{\partial^p\hat{u}_{\mathrm{L}}}{\partial\tilde{x}^p}-\frac{\partial^p\hat{u}_{\mathrm{R}}}{\partial\tilde{x}^p}\right)^2\mathrm{d}s\\&\geqslant 0\end{aligned} \tag{4-13}$$

其中，

$$\hat{u}_i(\boldsymbol{x})=\sum_{l=1}^{N_c(k)}u_i^l\varphi_{l,i}(\boldsymbol{x}) \tag{4-14}$$

根据式(4-14)，$\hat{u}_i$ 是零均值基函数的线性组合，因此其单元平均值必定为零，即

$$\int_{\Omega_i}\hat{u}_i(x)\mathrm{d}x\mathrm{d}y=0 \tag{4-15}$$

前文已经通过式(4-13)证明矩阵 $\boldsymbol{A}$ 的二次型非负，为了证明 $\boldsymbol{A}$ 是对称

正定的，还需要证明“当且仅当 $\boldsymbol{u}=0$ 时，$\boldsymbol{u}^{\mathrm{T}}\boldsymbol{A}\boldsymbol{u}=0$”。当 $\boldsymbol{u}=0$ 时，$\boldsymbol{u}^{\mathrm{T}}\boldsymbol{A}\boldsymbol{u}=0$，这是显而易见的。下面证明“仅当 $\boldsymbol{u}=0$ 时，$\boldsymbol{u}^{\mathrm{T}}\boldsymbol{A}\boldsymbol{u}=0$”。

当 $\boldsymbol{u}^{\mathrm{T}}\boldsymbol{A}\boldsymbol{u}=0$ 时，依据式(4-13)，在任意一个网格界面 f 的任意一点上，两侧单元的重构多项式及其各阶法向导数均相等，即

$$\frac{\partial^p \hat{u}_{\mathrm{L}}}{\partial \tilde{x}^p}=\frac{\partial^p \hat{u}_{\mathrm{R}}}{\partial \tilde{x}^p},\quad p=0,1,\cdots,k \tag{4-16}$$

因此可导出两侧单元的重构多项式分布是连续的，即 $\hat{u}_{\mathrm{L}}(x)=\hat{u}_{\mathrm{R}}(x)$。由界面 f 的任意性可知，所有网格界面两侧的多项式连续，整个计算域上的分布都是连续的，可以用如下的 k 次多项式分布来表示：

$$\hat{u}(\boldsymbol{x})=\sum_{l=1}^{N_c(k)} u^l \varphi_l(\boldsymbol{x}) \tag{4-17}$$

根据式(4-15)，$\hat{u}(\boldsymbol{x})$在所有单元上的平均值都是零，即

$$\int_{\Omega_i} \hat{u}(\boldsymbol{x})\mathrm{d}x\mathrm{d}y=0,\quad i=1,2,\cdots,N \tag{4-18}$$

如果网格单元总数 N 足够多，并且只要在整个网格上能找到一个非奇异的 k-exact 重构模板(只要网格不分布在一条直线上便能满足)，那么就能确定 $\hat{u}_i(\boldsymbol{x})=\hat{u}(\boldsymbol{x})=0$ 和 $u_i^l=0$。由此便证明了“$\boldsymbol{u}^{\mathrm{T}}\boldsymbol{A}\boldsymbol{u}=0$ 时，$\boldsymbol{u}=0$”，即“仅当 $\boldsymbol{u}=0$ 时，$\boldsymbol{u}^{\mathrm{T}}\boldsymbol{A}\boldsymbol{u}=0$”。

综上，$\boldsymbol{u}^{\mathrm{T}}\boldsymbol{A}\boldsymbol{u}\geqslant 0$，并且“当且仅当 $\boldsymbol{u}=0$ 时，$\boldsymbol{u}^{\mathrm{T}}\boldsymbol{A}\boldsymbol{u}=0$”，因此矩阵 $\boldsymbol{A}$ 是正定的。

(ⅲ) 证明方法同(ⅰ)和(ⅱ)，不再赘述。

根据性质(ⅰ)和(ⅱ)，矩阵 $\boldsymbol{A}$ 是对称正定的，那么矩阵 $\boldsymbol{A}$ 一定是可逆的，变分重构的线性方程组(4-11)有唯一解。重构矩阵非奇异，是变分重构相对于 CLS 和 k-exact 重构的一个巨大的优势，因为后两者都无法保证重构矩阵的非奇异性。

4.1.3　重构线性方程组解法

线性方程组(4-11)是全场单元的重构线性方程组联立组成的一个大型稀疏线性方程组，每个单元的实际依赖的模板都是全场单元的集合。如果用直接法求解，那么无论如何都不能做到“紧致”。

变分重构的重构线性方程组(4-9)的形式与 CLS 重构法的方程形式相同。根据第 3 章对 CLS 重构线性方程组解法的讨论，可以采用“操作上紧致”的迭代方法求解(4-9)。在第 3 章，求解 CLS 重构线性方程组的迭代方

法是 block Gauss-Seidel。而在本节，扩大迭代方法的选择范围，对与 block Gauss-Seidel 类似的 block Jacobi，block SOR 方法也予以考虑，从中选取收敛速度最快的解法。下面列出三种迭代方法求解方程组(4-11)的具体公式：

Block Jacobi 方法：

$$\boldsymbol{u}_i^{(s+1)} = \sum_{j \in S_i, j \neq i} \boldsymbol{A}_i^{-1} \boldsymbol{B}_i^j \boldsymbol{u}_j^{(s)} + \boldsymbol{A}_i^{-1} \boldsymbol{b}_i, \quad i = 1, 2, \cdots, N \tag{4-19}$$

Block Gauss-Seidel 方法：

$$\boldsymbol{u}_i^{(s+1)} = \sum_{j \in S_i, j < i} \boldsymbol{A}_i^{-1} \boldsymbol{B}_i^j \boldsymbol{u}_j^{(s+1)} + \sum_{j \in S_i, j > i} \boldsymbol{A}_i^{-1} \boldsymbol{B}_i^j \boldsymbol{u}_j^{(s)} + \boldsymbol{A}_i^{-1} \boldsymbol{b}_i, \quad i = 1, 2, \cdots, N \tag{4-20}$$

Block SOR 方法：

$$\boldsymbol{u}_i^{(s+1)} = (1-\omega) \boldsymbol{u}_i^{(s)} + \omega \left[\sum_{j \in S_i, j < i} \boldsymbol{A}_i^{-1} \boldsymbol{B}_i^j \boldsymbol{u}_j^{(s+1)} + \sum_{j \in S_i, j > i} \boldsymbol{A}_i^{-1} \boldsymbol{B}_i^j \boldsymbol{u}_j^{(s)} + \boldsymbol{A}_i^{-1} \boldsymbol{b}_i \right],$$

$$i = 1, 2, \cdots, N \tag{4-21}$$

4.1.2 节中证明了矩阵 $\boldsymbol{A}$ 和 $2\boldsymbol{D} - \boldsymbol{A}$ 均是对称正定的，因此根据数值分析理论[125]，变分重构线性方程组(4-11)的 block Jacobi，block Gauss-Seidel 和 block SOR 迭代都是收敛的。变分重构矩阵的优良特性不仅保证了重构矩阵的非奇异性，还保证了迭代方法的收敛性。

为了考察三种迭代方法的收敛速度，计算图 4.4 的 4 个网格上的变分重构线性方程组的三种迭代方法的条件数和谱半径，并列在表 4.1 中。从表中的数据可以看出，松弛因子 ω 取值在 1.3 左右的 block SOR 方法的谱半径最小，收敛速度最快。因此本书求解变分重构的迭代方法是 block SOR 方法，松弛因子 $\omega = 1.3$。

表 4.1 图 4.4 的网格上的变分重构线性方程组的三种迭代方法的条件数和谱半径

网格	规则三角形	不规则三角形	规则四边形	不规则四边形
条件数	94.451 3	30 548.6	265.909	1 115.33
ρ_{J}	0.851 996	0.943 152	0.787 827	0.826 05
ρ_{GS}	0.716 773	0.889 529	0.629 014	0.683 894
$\rho_{\mathrm{SOR}}, \omega = 1.1$	0.652 158	0.864 762	0.549 735	0.612 841
$\rho_{\mathrm{SOR}}, \omega = 1.2$	0.561 715	0.832 882	0.444 236	0.514 222
$\rho_{\mathrm{SOR}}, \omega = 1.3$	0.376 548	0.789 234	0.456 616	0.434 722
$\rho_{\mathrm{SOR}}, \omega = 1.4$	0.454 413	0.721 679	0.542 257	0.512 903

在确定了重构线性方程组的解法之后，便可以使用第3章中提出的重构和时间推进耦合迭代方案来提高变分有限体积方法的效率。变分有限体积方法的时间推进格式与CLSFV相同，本章不再赘述。

4.2　谱特性和稳定性

这一节通过一维波动方程的傅里叶分析变分重构的色散和耗散特性及稳定性。网格尺度为h的一维均匀网格上，四阶精度变分重构的IJI为

$$I_f=(u_L-u_R)^2+h^2\left(\frac{\partial u_L}{\partial x}-\frac{\partial u_R}{\partial x}\right)^2+\frac{h^4}{4}\left(\frac{\partial^2 u_L}{\partial x^2}-\frac{\partial^2 u_R}{\partial x^2}\right)+\frac{h^6}{36}\left(\frac{\partial^3 u_L}{\partial x^3}-\frac{\partial^3 u_R}{\partial x^3}\right)^2 \tag{4-22}$$

在CLS重构中引入权函数以优化CLS重构格式的谱特性。仿照这个思路，将一个非常简单的权函数引入变分重构。引入权函数后的IJI为

$$I_f=w^2(u_L-u_R)^2+w^2h^2\left(\frac{\partial u_L}{\partial x}-\frac{\partial u_R}{\partial x}\right)^2+\frac{h^4}{4}\left(\frac{\partial^2 u_L}{\partial x^2}-\frac{\partial^2 u_R}{\partial x^2}\right)+\frac{h^6}{36}\left(\frac{\partial^3 u_L}{\partial x^3}-\frac{\partial^3 u_R}{\partial x^3}\right)^2 \tag{4-23}$$

唯一的自由参数w用来控制u和$\partial u/\partial x$的权重。傅里叶分析结果表明，w的最优值是$+\infty$，这可以解释为w越大，u和$\partial u/\partial x$的权重越大，变分重构求出的分片连续多项式在单元交界面上u和$\partial u/\partial x$的跳跃越小。u的跳跃越小，格式的耗散越小；$\partial u/\partial x$的跳跃越小，黏性通量计算精度越高。另外，在傅里叶分析过程中发现，$\partial u/\partial x$的跳跃越小，色散越小。但是w的取值过大时，格式的耗散太小，鲁棒性会很差。在实际计算中发现，自由参数取值为$w=5$的一维四阶精度的变分重构格式，能够很好地平衡精度和鲁棒性，因此被选为优化的四阶变分重构格式。

图4.2展示了优化的四阶变分重构和优化的四阶CLS重构的色散和耗散特性曲线。Lele[115]的六阶中心差分(C6)和六阶三对角格式(T6)的色散和耗散曲线也在图4.2中予以展示，并与变分和CLS重构做对照。对比图4.2中的曲线可以发现，变分重构与T6的色散曲线非常接近，并且明显优于CLS重构。

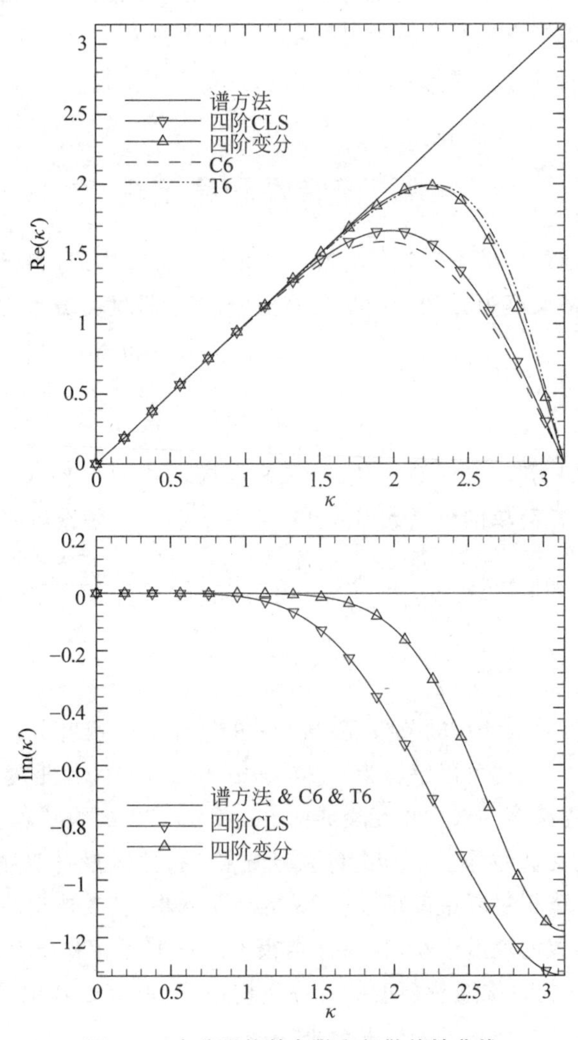

图 4.2　变分重构的色散和耗散特性曲线

用 von-Neumann 稳定性分析方法分析了四阶变分重构与三阶 TVD Runge-Kutta 方法结合使用时的稳定性，并在图 4.3 中给出 CFL 数取 1 时放大因子随波数的变化曲线。图 4.3 的曲线表明，变分重构和 CLS 重构都是稳定的。

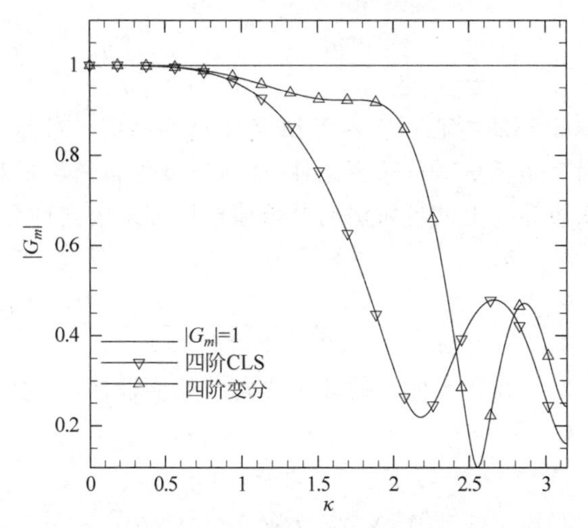

图 4.3　CFL 数取 1 时，变分重构的放大因子曲线

4.3　边界条件在重构中的实施

为了保证边界附近单元的重构精度，需要将边界条件引入重构过程。CLS 和 k-exact 重构的黏性边界条件实施比较复杂。例如，为了实施无滑移固壁边界条件，CLS 和 k-exact 重构要在固壁单元上求解约束最小二乘问题[16]。

变分重构的边界条件实施比较简单，只需要将物理边界面上的 IJI 添加到泛函中。添加了边界面 IJI 的泛函为

$$I=\sum_{f=1}^{N_f} I_f+\sum_{\mathrm{bf}=1}^{N_{\mathrm{bf}}} I_{\mathrm{bf}} \tag{4-24}$$

其中，N_{bf} 是物理边界面的总数。下面以无滑移等温固壁边界条件和对称边界条件为例介绍边界面的 IJI 构造方法。

对于无滑移等温固壁，守恒变量 q 的边界 IJI 为

$$I_{\mathrm{bf}}=\frac{1}{d_{\mathrm{bf}}}\int_{\mathrm{bf}}(q_{\mathrm{L}}-q_{\mathrm{bf}})^2\,\mathrm{d}s \tag{4-25}$$

其中，L 是边界面 bf 所属的单元，d_{bf} 是单元 L 的中心到边界面 bf 的中心的距离。对于壁面温度为 T_{wall} 的静止固壁，守恒变量在边界面上的值按照如下公式计算：

$$\rho_{\mathrm{bf}}=\rho_{\mathrm{L}},\quad E_{\mathrm{bf}}=\frac{C_p\rho_{\mathrm{L}}T_{\mathrm{wall}}}{\gamma},$$
$$(\rho u)_{\mathrm{bf}}=-(\rho u)_{\mathrm{L}},\quad (\rho v)_{\mathrm{bf}}=-(\rho v)_{\mathrm{L}} \tag{4-26}$$

对于对称边界，守恒变量 q 的边界 IJI 为

$$I_{\mathrm{bf}}=\frac{1}{d_{\mathrm{bf}}}\int_{\mathrm{bf}}\sum_{p=0}^{k}\left[\frac{1}{p!}\frac{\partial^{p}q_{\mathrm{L}}}{\partial\tilde{x}^{p}}(d_{\mathrm{bf}})^{p}-\frac{1}{p!}\frac{\partial^{p}q_{\mathrm{bf}}}{\partial\tilde{x}^{p}}(d_{\mathrm{bf}})^{p}\right]^{2}\mathrm{d}s \tag{4-27}$$

其中，d_{bf} 是单元 L 的中心到边界面 bf 的距离的两倍。对称边界条件，对于密度和总能而言是标量对称边界条件，而对速度而言是矢量对称边界条件。密度和总能在边界面上的各阶法向导数值按照如下公式计算：

$$\begin{aligned}&q_{\mathrm{bf}}=q_{\mathrm{L}},\\&\frac{\partial q_{\mathrm{bf}}}{\partial\tilde{x}}=-\frac{\partial q_{\mathrm{L}}}{\partial\tilde{x}},\quad\frac{\partial^{2}q_{\mathrm{bf}}}{\partial\tilde{x}^{2}}=\frac{\partial^{2}q_{\mathrm{L}}}{\partial\tilde{x}^{2}},\quad\frac{\partial^{3}q_{\mathrm{bf}}}{\partial\tilde{x}^{3}}=-\frac{\partial^{3}q_{\mathrm{L}}}{\partial\tilde{x}^{3}}\end{aligned} \tag{4-28}$$

守恒变量 ρu 和 ρv 在边界面上的各阶法向导数值根据如下方程组求解：

$$\begin{aligned}&V_{n}=(\rho u,\rho v)\cdot\boldsymbol{n},\quad V_{t}=(\rho u,\rho v)\cdot\boldsymbol{t},\\&(V_{n})_{\mathrm{bf}}=-(V_{n})_{\mathrm{L}},\quad(V_{t})_{\mathrm{bf}}=(V_{t})_{\mathrm{L}},\\&\left(\frac{\partial V_{n}}{\partial\tilde{x}}\right)_{\mathrm{bf}}=\left(\frac{\partial V_{n}}{\partial\tilde{x}}\right)_{\mathrm{L}},\quad\left(\frac{\partial V_{t}}{\partial\tilde{x}}\right)_{\mathrm{bf}}=-\left(\frac{\partial V_{t}}{\partial\tilde{x}}\right)_{\mathrm{L}},\\&\left(\frac{\partial^{2}V_{n}}{\partial\tilde{x}^{2}}\right)_{\mathrm{bf}}=-\left(\frac{\partial^{2}V_{n}}{\partial\tilde{x}^{2}}\right)_{\mathrm{L}},\quad\left(\frac{\partial^{2}V_{t}}{\partial\tilde{x}^{2}}\right)_{\mathrm{bf}}=\left(\frac{\partial^{2}V_{t}}{\partial\tilde{x}^{2}}\right)_{\mathrm{L}},\\&\left(\frac{\partial^{3}V_{n}}{\partial\tilde{x}^{3}}\right)_{\mathrm{bf}}=\left(\frac{\partial^{3}V_{n}}{\partial\tilde{x}^{3}}\right)_{\mathrm{L}},\quad\left(\frac{\partial^{3}V_{t}}{\partial\tilde{x}^{3}}\right)_{\mathrm{bf}}=-\left(\frac{\partial^{3}V_{t}}{\partial\tilde{x}^{3}}\right)_{\mathrm{L}}\end{aligned} \tag{4-29}$$

其中，$\boldsymbol{n}$ 和 $\boldsymbol{t}$ 分别是边界面 bf 的单位法向量和单位切向量。

4.4 泛函的构造

前文的讨论中指出，变分重构是一类模板紧致的高精度重构方法的总称。这类重构方法的原理是，定义一个泛函来衡量计算域上的分片 k 次多项式分布的光滑性，使得泛函取极小值的分片 k 次多项式分布即是变分重构的解。合理地设计泛函是变分重构的关键。设计泛函要遵循三个基本准则：

（ⅰ）泛函对应的变分重构必须具有 k-exact 特性，这样便能够保证变分重构的精度；

（ⅱ）泛函对应的变分重构必须是紧致的，即中心单元在泛函中只与面相邻单元相关；

（ⅲ）泛函对应的变分重构矩阵必须是对称正定的。4.1.2 节的证明过程表明，为了保证变分重构矩阵的二次型 $\boldsymbol{u}^{\mathrm{T}}\boldsymbol{A}\boldsymbol{u}$ 非负，泛函必须是全局的；为了保证“当且仅当 $\boldsymbol{u}=0$ 时，$\boldsymbol{u}^{\mathrm{T}}\boldsymbol{A}\boldsymbol{u}=0$”，每个网格界面两侧单元的“跳跃积分”项为零时，要能推导出两侧单元的重构多项式是连续的，即“跳跃积分”项对光滑性的要求必须足够强。

下面给出除式(4-5)外，其他几个经验证是可行的 IJI 例子：

$$I_f=\frac{1}{d_{\mathrm{LR}}}\int_f\sum_{p=0}^{k}\left[\frac{m!\ (p-m)!}{p!}(d_{\mathrm{LR}})^p\right]^2\left(\frac{\partial^p u_{\mathrm{L}}}{\partial x^p\partial y^{p-m}}-\frac{\partial^p u_{\mathrm{R}}}{\partial x^p\partial y^{p-m}}\right)^2\mathrm{d}s \tag{4-30}$$

和

$$\begin{aligned}I_f=&\frac{1}{d_{\mathrm{LR}}}\int_{\Omega_{\mathrm{L}}}\sum_{p=0}^{k}\left(\frac{1}{p!}\frac{\partial^p u_{\mathrm{L}}}{\partial\tilde{x}^p}(d_{\mathrm{LR}})^p-\frac{1}{p!}\frac{\partial^p u_{\mathrm{R}}}{\partial\tilde{x}^p}(d_{\mathrm{LR}})^p\right)^2\mathrm{d}x\mathrm{d}y+\\&\frac{1}{d_{\mathrm{LR}}}\int_{\Omega_{\mathrm{R}}}\sum_{p=0}^{k}\left(\frac{1}{p!}\frac{\partial^p u_{\mathrm{L}}}{\partial\tilde{x}^p}(d_{\mathrm{LR}})^p-\frac{1}{p!}\frac{\partial^p u_{\mathrm{R}}}{\partial\tilde{x}^p}(d_{\mathrm{LR}})^p\right)^2\mathrm{d}x\mathrm{d}y\end{aligned} \tag{4-31}$$

及

$$\begin{aligned}I_f=&\frac{1}{d_{\mathrm{LR}}}\sum_{p=0}^{k}\sum_{m=0}^{p}\frac{(d_{\mathrm{LR}})^{2p}}{(p!)^2}\left(\frac{1}{\overline{\Omega}_{\mathrm{L}}}\int_{\Omega_{\mathrm{L}}}\frac{\partial^p u_{\mathrm{L}}}{\partial x^m\partial y^{p-m}}\mathrm{d}x\mathrm{d}y-\frac{1}{\overline{\Omega}_{\mathrm{L}}}\int_{\Omega_{\mathrm{L}}}\frac{\partial^p u_{\mathrm{R}}}{\partial x^m\partial y^{p-m}}\mathrm{d}x\mathrm{d}y\right)^2+\\&\frac{1}{d_{\mathrm{LR}}}\sum_{p=0}^{k}\sum_{m=0}^{p}\frac{(d_{\mathrm{LR}})^{2p}}{(p!)^2}\left(\frac{1}{\overline{\Omega}_{\mathrm{R}}}\int_{\Omega_{\mathrm{R}}}\frac{\partial^p u_{\mathrm{L}}}{\partial x^m\partial y^{p-m}}\mathrm{d}x\mathrm{d}y-\frac{1}{\overline{\Omega}_{\mathrm{R}}}\int_{\Omega_{\mathrm{R}}}\frac{\partial^p u_{\mathrm{R}}}{\partial x^m\partial y^{p-m}}\mathrm{d}x\mathrm{d}y\right)^2\end{aligned} \tag{4-32}$$

在上述三个泛函中，式(4-30)和前文介绍的式(4-5)都是定义在网格界面上，而式(4-31)和式(4-32)是定义在控制体上。设计“最优泛函”是一个开放的问题，需要进一步的探索。

4.5 数值算例

这一节将用一系列的二维标准算例来验证四阶变分有限体积(VFV)方法的精度、效率和激波捕捉能力。

4.5.1 Navier-Stokes 方程制造解

用二维 Navier-Stokes 方程的制造解来测试 VFV 方法的精度和计算效率。制造解的原始变量表达式为

$$\begin{Bmatrix}\rho\\u\\v\\T\end{Bmatrix}=\begin{Bmatrix}1+A_\rho\sin(\omega t-k_x x-k_y y)\\1+A_v\cos(\omega t-k_x x-k_y y)\\1+A_v\cos(\omega t-k_x x-k_y y)\\1+A_T\sin(\omega t-k_x x-k_y y)\end{Bmatrix} \tag{4-33}$$

上式中的各参数取值为

$$A_\rho = A_v = 0.25, \quad A_T = 0.1, \quad \omega = k_x = k_y = 2\pi \tag{4-34}$$

压力用如下的状态方程 $p=\rho T$ 计算。动力黏性系数 $\mu=0.01$，普朗特数 $Pr=1$。制造解不满足二维 Navier-Stokes 方程，为使方程两端平衡，在方程右端添加源项 S。源项的表达式可以解析地推导出来。由于源项表达式比较复杂，在此略去。

计算域是[0,1]×[0,1]，上/下和左/右边界采用周期边界条件。采用 4 种类型的逐级加密网格，即规则三角形、不规则三角形、规则四边形和不规则四边形网格，如图 4.4 所示。计算时间是一个周期 $t=1$。

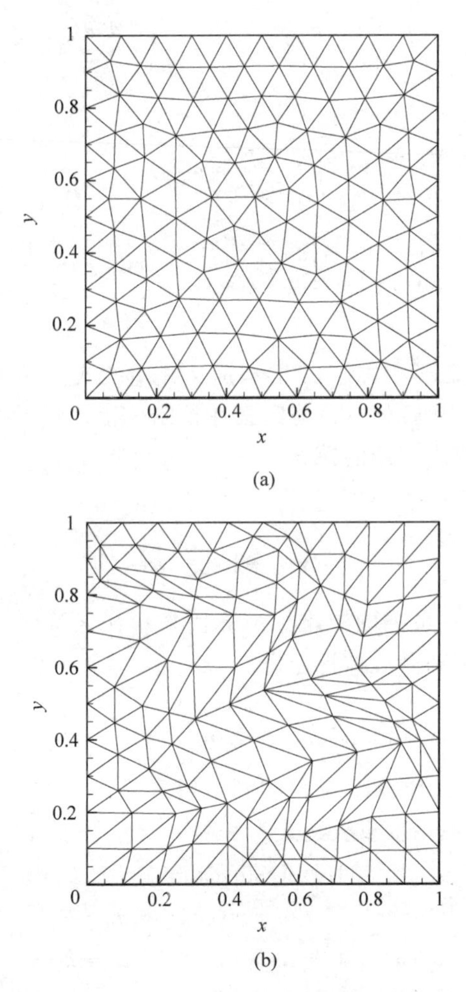

图 4.4　Navier-Stokes 方程制造解的计算网格

(a) 规则三角形网格；(b) 不规则三角形网格；(c) 规则四边形网格；(d) 不规则四边形网格

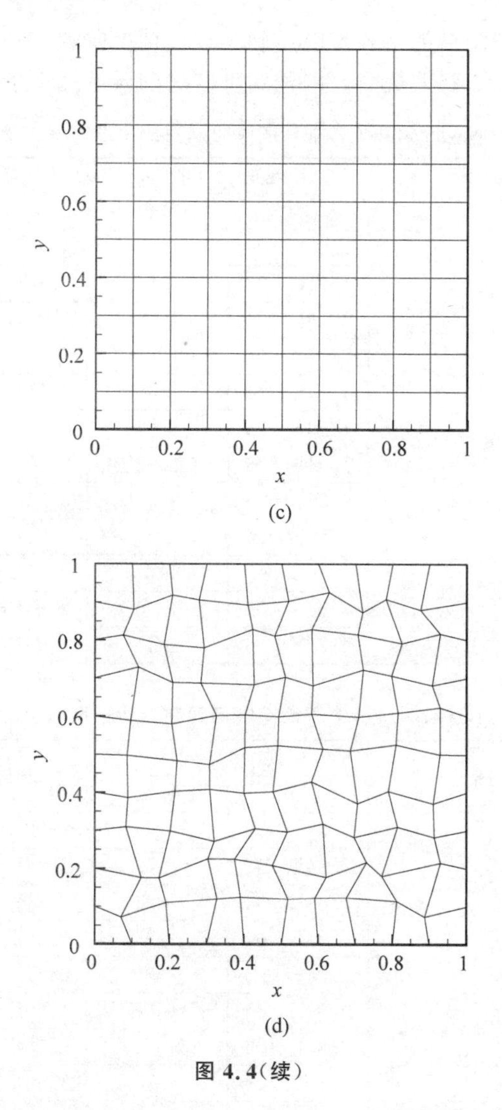

图 4.4(续)

四套网格的尺度都是从 1/10 加密到 1/80。规则三角形网格的物理时间步长从 1/60 加密到 1/480,不规则三角形从 1/80 加密到 1/640,规则四边形从 1/20 加密到 1/160,不规则四边形从 1/20 加密到 1/160。内迭代 CFL 数是 1000,收敛标准是残差下降 7 个数量级。同时也对二阶 k-exact 有限体积方法和四阶的 CLSFV 方法进行了精度测试,并与 VFV 方法进行了精度和计算效率的对比。

用 L_2 范数衡量的密度误差及其随网格加密的下降速率见表 4.2 和

表 4.3。所有被测试的格式均能达到其理论精度阶数，四阶 VFV 方法比四阶的 CLSFV 方法误差更小。两种四阶方法的误差远小于二阶方法。

表 4.2 Navier-Stokes 方程制造解问题在三角形网格上的计算结果

网格	格式	规则三角形		不规则三角形	
		L_2 误差	阶数	L_2 误差	阶数
1/10	二阶 FV	5.08E−03	—	1.43E−02	—
1/20		1.11E−03	2.20	3.16E−03	2.18
1/40		2.96E−04	1.90	7.08E−04	2.16
1/80		7.75E−05	1.93	1.79E−04	1.99
1/10	四阶 CLSFV	4.05E−04	—	1.94E−03	—
1/20		1.59E−05	4.67	9.72E−05	4.32
1/40		1.04E−06	3.93	5.10E−06	4.25
1/80		6.89E−08	3.92	3.39E−07	3.91
1/10	四阶 VFV	3.55E−04	—	1.00E−03	—
1/20		1.30E−05	4.77	4.71E−05	4.41
1/40		7.54E−07	4.10	2.84E−06	4.05
1/80		4.36E−08	4.11	1.86E−07	3.93

表 4.3 Navier-Stokes 方程制造解问题在四边形网格上的计算结果

网格	格式	规则四边形		不规则四边形	
		L_2 误差	阶数	L_2 误差	阶数
1/10	二阶 FV	8.57E−03	—	9.12E−03	—
1/20		2.56E−03	1.75	2.74E−03	1.73
1/40		7.04E−04	1.86	7.74E−04	1.82
1/80		1.85E−04	1.93	2.08E−04	1.90
1/10	四阶 CLSFV	2.26E−03	—	3.31E−03	—
1/20		9.91E−05	4.51	1.60E−04	4.37
1/40		6.89E−06	3.85	1.03E−05	3.96
1/80		5.19E−07	3.73	7.86E−07	3.71
1/10	四阶 VFV	2.07E−03	—	2.88E−03	—
1/20		2.63E−05	6.30	5.68E−05	5.33
1/40		7.66E−07	5.10	3.96E−06	3.84
1/80		4.92E−08	3.96	3.00E−07	3.72

为了比较各方法的计算效率，图 4.5 给出了误差和 CPU 时间的关系曲线。图 4.5 的曲线表明，在相对较小的误差水平，四阶 VFV 方法可以用更少的 CPU 时间达到同样的精度要求，计算效率更高。另外，两个四阶格式

的计算效率远高于二阶格式。例如，在规则三角形网格上，达到误差为 1.0E−04 的精度要求，二阶方法所用的 CPU 时间要比四阶格式多 70 倍，这个结果体现了高阶方法的优势。

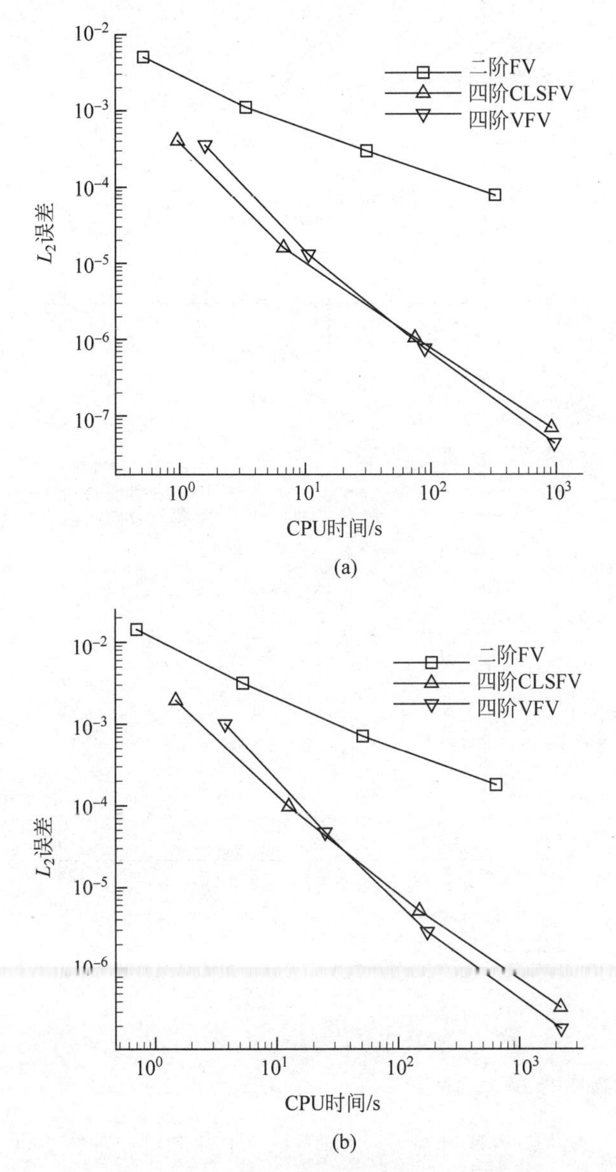

图 4.5　Navier-Stokes 方程制造解的计算效率比较

(a) 规则三角形网格；(b) 不规则三角形网格；(c) 规则四边形网格；(d) 不规则四边形网格

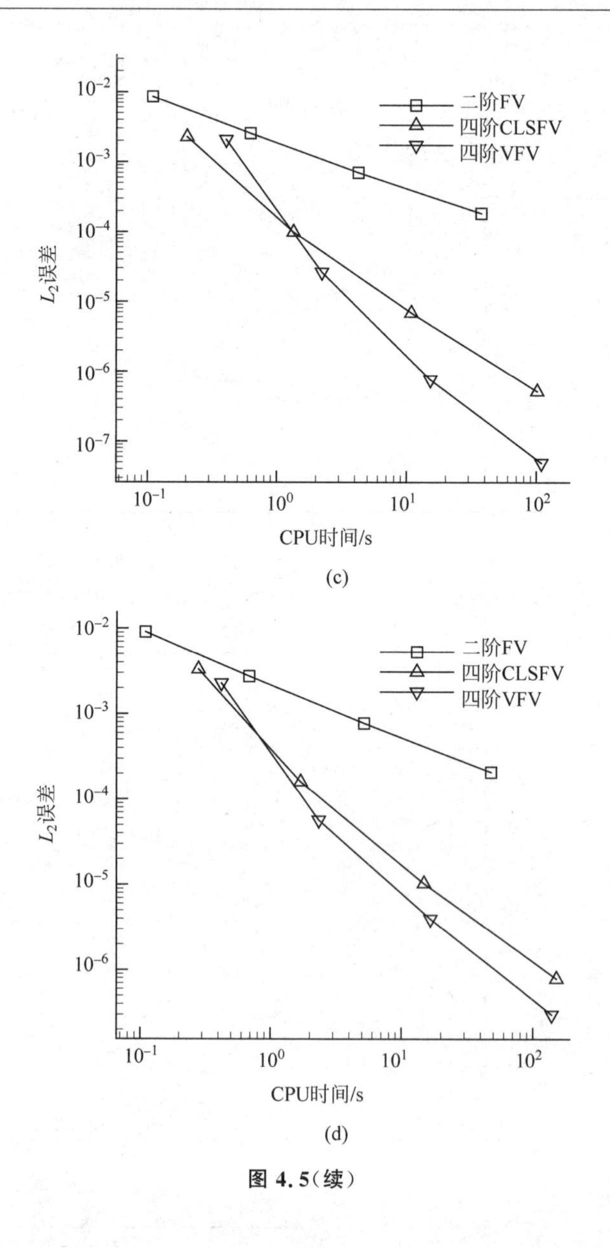

图 4.5(续)

4.5.2　超声速等熵涡

本节介绍的超声速等熵涡算例测试 VFV 和 CLSFV 方法求解包含物理边界的流动问题的精度。计算域是在第一象限的、内径为 $r_i=1$、外径为 $r_o=1.384$ 的环形区域。这个问题有精确解,其密度的解析表达式为

$$\rho=\rho_i\left\{1+\frac{\gamma-1}{2}M_i^2\left[1-\left(\frac{r_i}{r}\right)^2\right]\right\}^{1/(\gamma-1)} \tag{4-35}$$

其速度和压力的解析表达式为

$$\|\boldsymbol{v}\|_2=\frac{c_iM_i}{r},\quad p=\frac{\rho^\gamma}{\gamma} \tag{4-36}$$

c_i 是内圆柱的声速。内圆柱上的马赫数 $M_i=2.25$，密度 $\rho_i=1$。

用图 4.6 所示的两种类型的网格，即三角形和四边形网格来进行超声速等熵涡问题的计算。虚拟时间步长的 CFL 数是 40，迭代进行至残差为机器零。精度测试结果列在表 4.4 中。

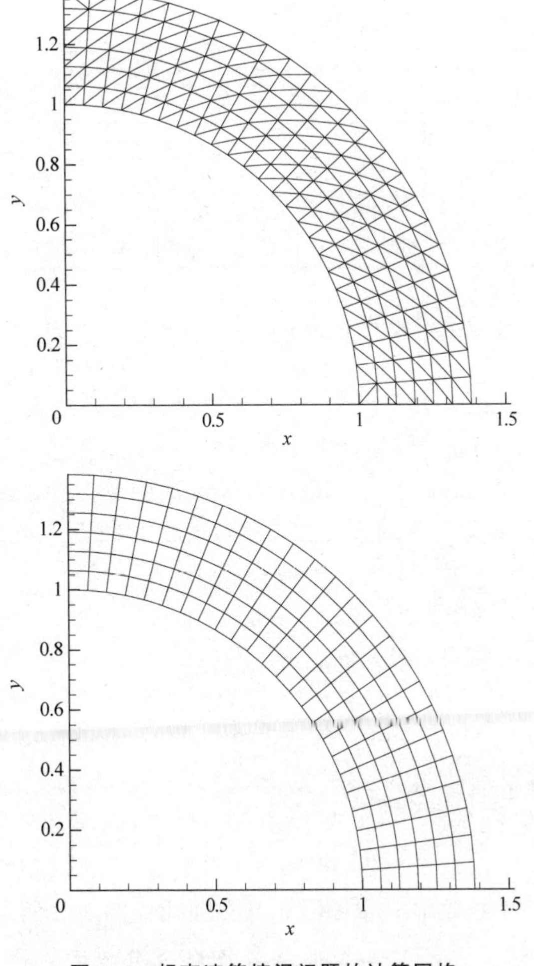

图 4.6　超声速等熵涡问题的计算网格

表 4.4　超声速等熵涡问题的精度测试结果

格式	网格	L_1 误差	阶数	L_2 误差	阶数	L_∞ 误差	阶数
四阶 CLSFV	25×7	3.27E−04	—	5.51E−04	—	2.12E−03	—
三角形网格	49×13	2.66E−05	3.62	5.64E−05	3.29	3.17E−04	2.74
	97×25	1.94E−06	3.78	5.31E−06	3.41	4.35E−05	2.87
	193×49	1.33E−07	3.86	4.83E−07	3.46	5.65E−06	2.94
四阶 VFV	25×7	2.84E−05	—	4.15E−05	—	1.67E−04	—
三角形网格	49×13	1.67E−06	4.09	3.17E−06	3.71	1.72E−05	3.28
	97×25	8.28E−08	4.33	1.86E−07	4.09	1.30E−06	3.73
	193×49	4.04E−09	4.36	9.60E−09	4.28	8.87E−08	3.87
四阶 CLSFV	25×7	1.35E−03	—	1.73E−03	—	4.55E−03	—
四边形网格	49×13	1.78E−04	2.92	2.25E−04	2.94	8.20E−04	2.47
	97×25	1.77E−05	3.33	2.26E−05	3.32	1.21E−04	2.76
	193×49	1.46E−06	3.60	2.11E−06	3.42	1.63E−05	2.90
四阶 VFV	25×7	1.38E−04	—	1.68E−04	—	3.55E−04	—
四边形网格	49×13	6.31E−06	4.45	7.93E−06	4.41	3.24E−05	3.46
	97×25	2.27E−07	4.80	3.17E−07	4.65	1.44E−06	4.49
	193×49	7.40E−09	4.94	1.22E−08	4.70	7.95E−08	4.18

从表 4.4 中的结果可以看出，用三种范数误差衡量，VFV 格式都能够达到四阶精度。CLSFV 格式只有 L_1 范数误差的收敛阶数勉强达到四阶，而 L_∞ 范数误差的收敛阶数只有三阶。VFV 格式的精度阶数基本上比 CLSFV 格式高一阶，这是因为 CLSFV 格式在边界附近降阶，而 VFV 格式保持了全场一致的高阶精度。超声速等熵涡问题的精度测试结果证明了 VFV 方法在计算包含物理边界的流动问题时比 CLSFV 方法的精度更高。

4.5.3　平板边界层

平板边界层算例用来验证 VFV 和 CLSFV 方法在大长宽比网格上解析边界层的能力。绝热平板长度是 1，均匀来流的马赫数是 0.2，基于平板长度的雷诺数是 10^5。平板之前是长度为 1.25 的滑移壁面。普朗特数是 0.72。计算网格如图 4.7 所示，包含 140×60 个四边形单元。虚拟时间步长的 CFL 数是 40。

用四阶 VFV 和 CLSFV 方法计算出的 $x=0.5$ 截面的速度剖面如图 4.8 所示。平板表面的摩擦阻力系数曲线如图 4.9 所示。两种格式计算的速度剖面和摩擦阻力系数曲线与 Blasius 解吻合得很好。但也可以从

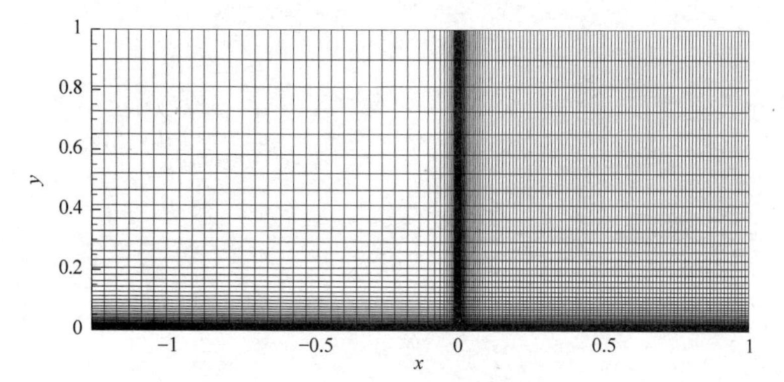

图 4.7　平板边界层问题的网格

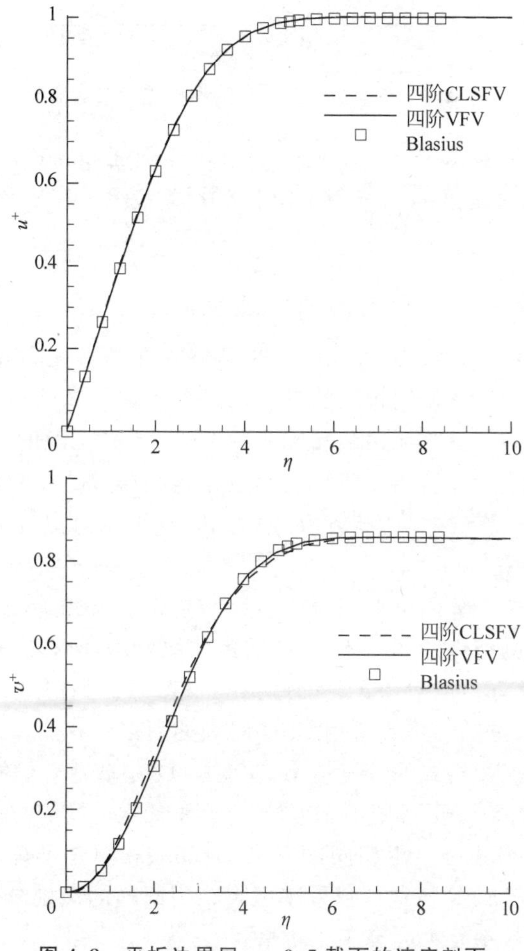

图 4.8　平板边界层 $x=0.5$ 截面的速度剖面

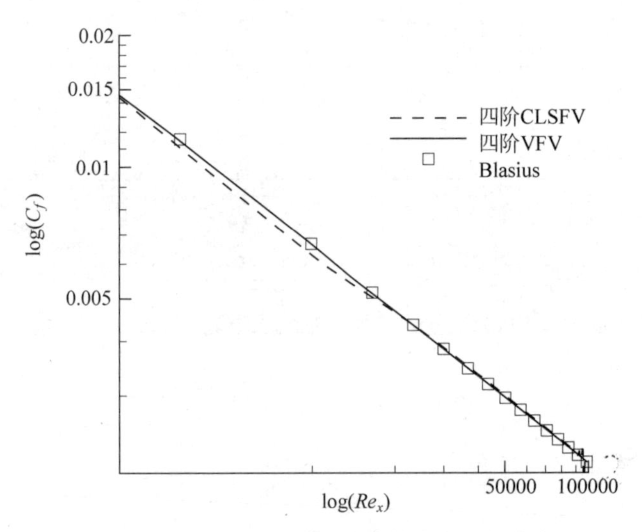

图 4.9 平板边界层问题的摩擦阻力系数曲线

两幅图中明显地看出,VFV 格式的法向速度剖面和摩擦阻力系数曲线与 Blasius 解的吻合程度明显好于 CLSFV 格式,表明 VFV 格式解析边界层的能力更强。

4.5.4 NACA0012 翼型的亚声速绕流

这个算例用来测试 VFV 和 CLSFV 格式在计算无黏和黏性的定常流动问题时的收敛性。使用相同的计算条件对二阶格式进行测试,以便与高阶格式进行对照。计算无黏和黏性两种工况:无黏工况的无穷远来流马赫数是 0.5,攻角是 2°;黏性工况的无穷远来流马赫数是 0.5,攻角是 0°,基于弦长的雷诺数是 5 000。所有计算均以无穷远来流为初值条件。虚拟时间步长的 CFL 数是 40。

无黏工况的计算网格如图 4.10 所示,包含 10 382 个三角形单元,翼型表面有 150 个网格点。如图 4.11 的收敛曲线所示,所有格式都能收敛到机器零,收敛性良好。四阶 VFV 和 CLSFV 格式达到收敛状态所用的 CPU 时间非常接近,是二阶格式所用 CPU 时间的两倍左右。

为了比较三种格式的计算效率,在图 4.12 中展示它们的熵的误差。四阶 VFV 格式的熵增要明显小于 CLSFV,考虑到它们的 CPU 时间相差无几,因此 VFV 格式可以用相同的 CPU 时间获得更加准确的数值解,因此 VFV 格式比 CLSFV 格式计算效率更高。用同样的准则分析可知,两个四阶格式的计算效率要大大高于二阶格式。

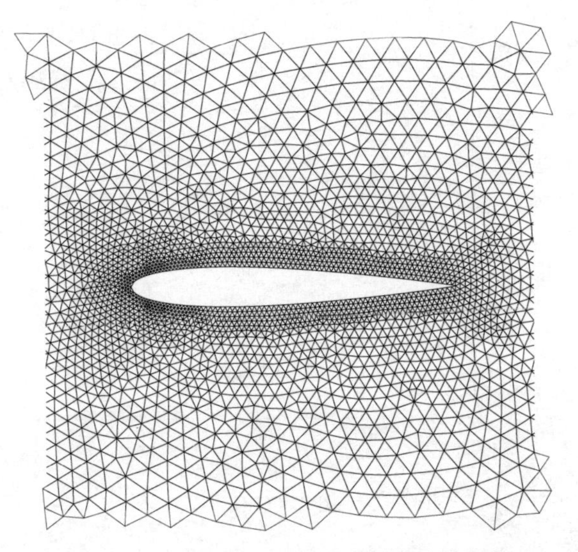

图 4.10　NACA0012 亚声速无黏绕流的网格

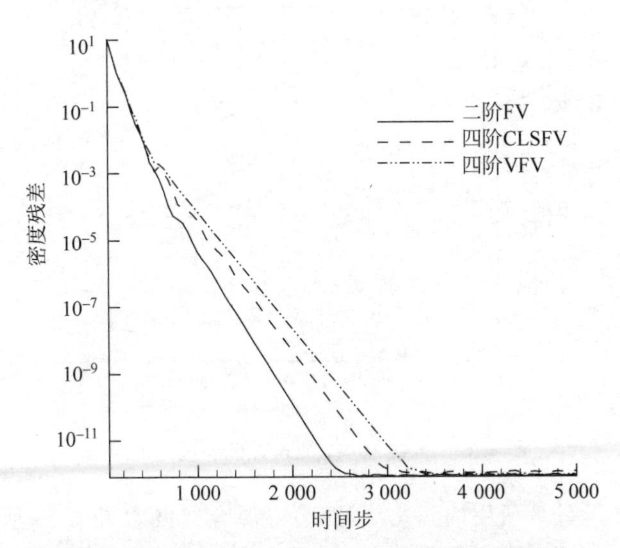

图 4.11　NACA0012 亚声速无黏绕流的收敛曲线

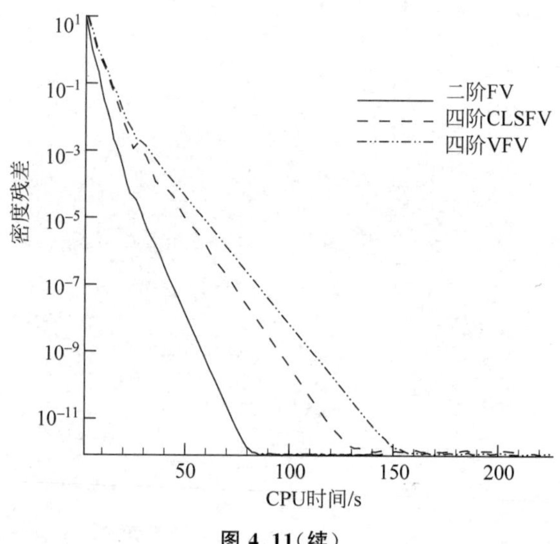

图 4.11（续）

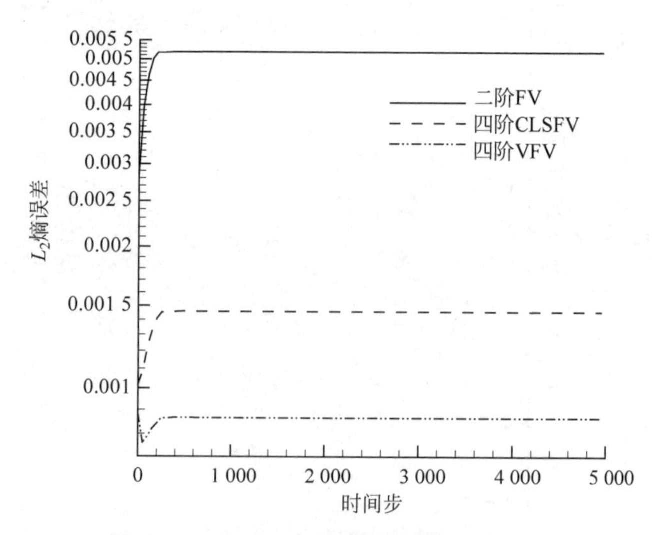

图 4.12　NACA0012 亚声速无黏绕流的熵增

黏性工况计算所用的三角形/四边形混合网格如图 4.13 所示，共包含 9 378 个单元，翼型表面有 174 个网格点。四阶 VFV 格式计算得到的翼型附近马赫数和压力等值线如图 4.14 所示，翼型表面的压力系数和阻力系数曲线如图 4.15 所示。根据图 4.16 所示的收敛曲线，三种格式均能收敛到机器零，这证明了三种格式在计算层流问题时的收敛性良好。四阶 VFV

和 CLSFV 格式达到收敛状态所用的 CPU 时间相差无几，大约是二阶格式所用 CPU 时间的三倍。为了考察各个格式的计算精度，图 4.17 将三种格式计算出的翼型下表面的压力系数和阻力系数曲线与参考解进行了对比。参考解是用四阶 VFV 格式在包含 143 360 个四边形单元的密网格上计算得到的。对比发现，四阶 VFV 格式的结果与参考解吻合得更好，考虑到二者的 CPU 时间接近，因此可以认为 VFV 格式用相同的 CPU 时间得到了更精确的数值解，计算效率更高。用同样的思路可以分析出，两个四阶格式的计算效率要远远高于二阶格式。

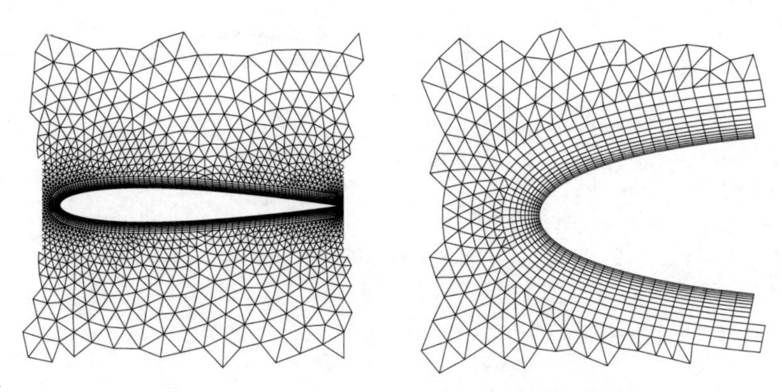

图 4.13　NACA0012 亚声速黏性绕流的网格

4.5.5　斜激波冲击混合层

用斜激波冲击混合层算例[126]来测试 VFV 和 CLSFV 格式的激波捕捉能力和分辨率。这个算例的物理过程是，由混合层不稳定性产生的涡穿过斜激波，随后又穿过由斜激波在下壁面反射产生的另一道斜激波。对于斜激波和混合层作用产生多尺度涡结构，在同样网格上，分辨率更高的格式解析的涡结构更丰富。这个算例的主要流动结构在混合层附近，距离边界较远，因此边界处理对流场计算结果的影响较小，因此这个算例主要考察内点格式的分辨率。

本算例的激波强度不大，但仍需使用限制器来抑制激波附近的数值振荡。计算域是[0,200]×[−20,20]，网格点数是 321×81。网格在 x 方向均匀分布，在 y 方向集中于混合层附近，y 方向网格尺度分布公式参考文献[126]。雷诺数是 500，普朗特数是 0.72，具体初值参数和边界条件参考文献[126]。

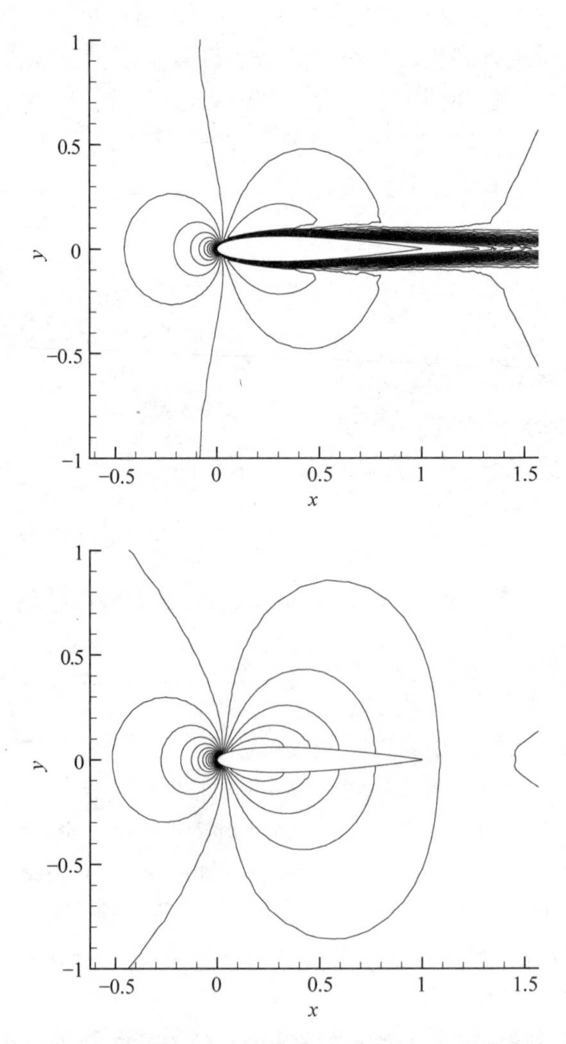

图 4.14 四阶 VFV 计算的 NACA0012 亚声速黏性绕流马赫数(上)和压力等值线(下)

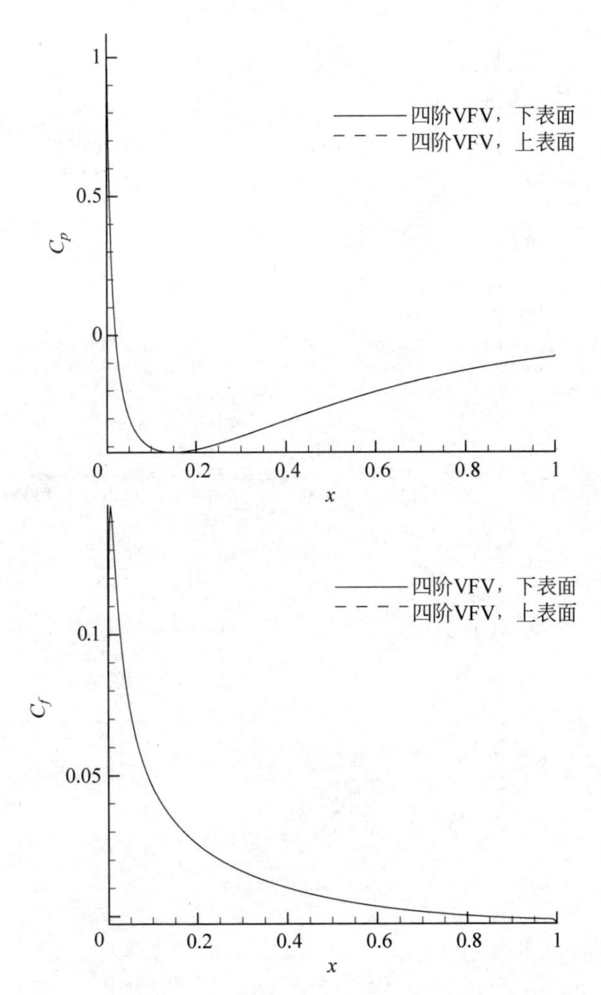

图 4.15　四阶 VFV 计算的 NACA0012 亚声速黏性绕流翼型表面的压力系数(上)和阻力系数(下)曲线

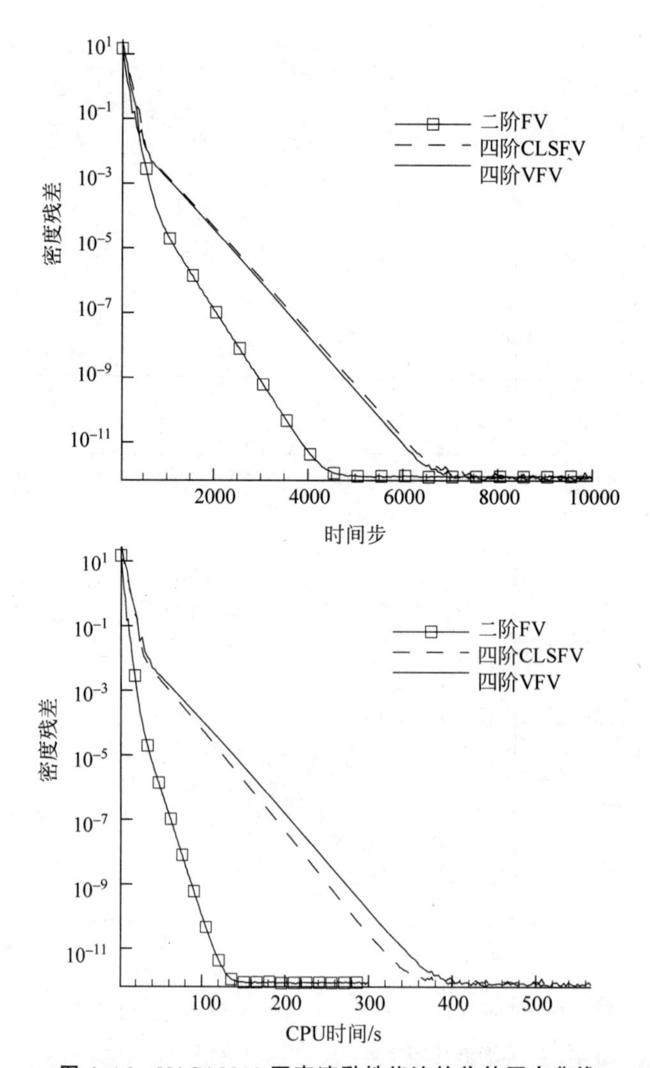

图 4.16 NACA0012 亚声速黏性绕流的收敛历史曲线

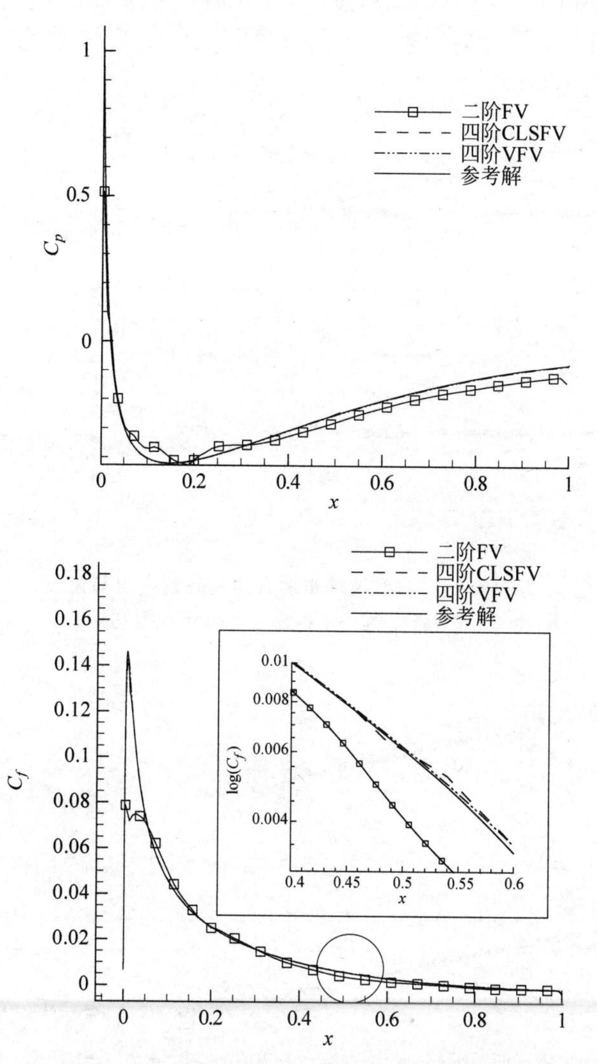

图 4.17　三种格式计算得到的 NACA0012 亚声速黏性绕流的翼型下表面的压力系数(上)和阻力系数(下)曲线

计算时间是 $t=120$,时间步长是 $\Delta t=0.4$。内迭代 CFL 数是 20,收敛标准是残差下降 4 个数量级。四阶 VFV 格式的计算时间比 CLSFV 格式多 30%。两个格式计算出的密度、压力和温度分布如图 4.18～图 4.20 所示。从上述三幅图中可以看到,四阶 VFV 和 CLSFV 格式均能够捕捉到比较精细的流场结构。

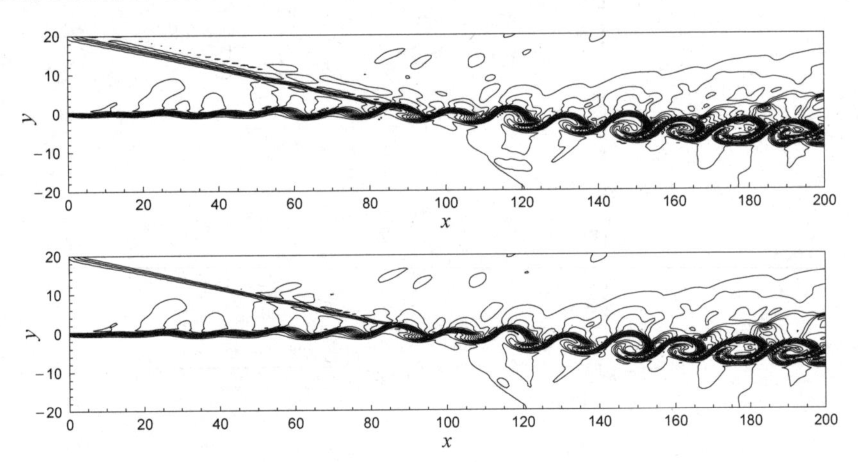

图 4.18 斜激波冲击混合层问题的密度等值线

上：四阶 CLSFV 格式,下：四阶 VFV 格式

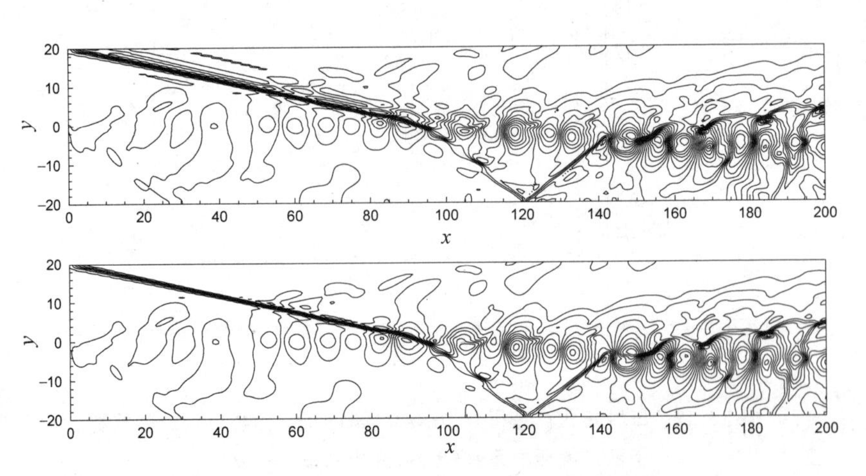

图 4.19 斜激波冲击混合层问题的压力等值线

上：四阶 CLSFV 格式,下：四阶 VFV 格式

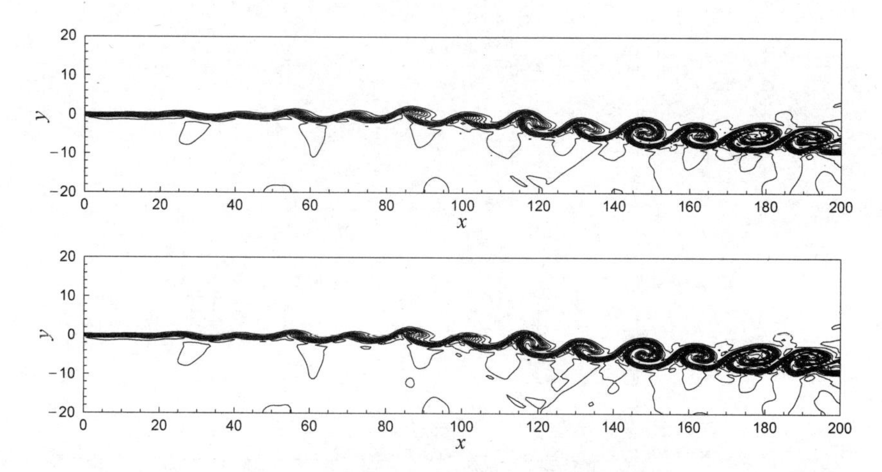

图 4.20　斜激波冲击混合层问题的温度等值线

上：四阶 CLSFV 格式，下：四阶 VFV 格式

为了比较分辨率，提取两个格式计算出的点(90,0)至点(200,−6)的线段(这条线段穿过涡结构的中心)上的压力分布曲线，并与参考解对比，如图 4.21 所示。参考解是用四阶 VFV 格式在网格点数为 1281×321 的网格上计算得到的。图 4.21 的压力曲线对比表明，VFV 格式和 CLSFV 格式的结果与参考解基本吻合。VFV 格式的压力扰动幅值更大，表明格式耗散更小。

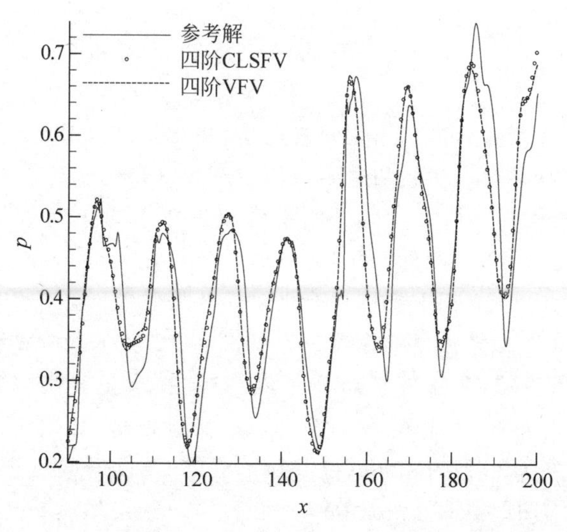

图 4.21　斜激波冲击混合层问题(90,0)至(200,−6)线段上的压力分布曲线

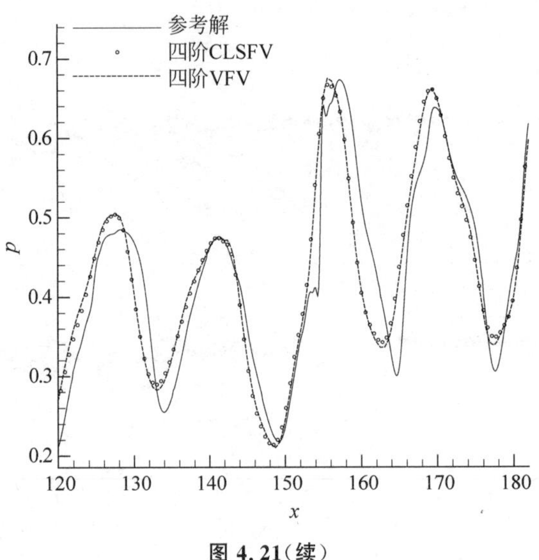

图 4.21(续)

4.5.6　黏性激波管

黏性激波管是典型的强激波和边界层相互作用的算例,用来测试 VFV 和 CLSFV 格式的激波捕捉能力和分辨率。计算域是$[0,1]\times[0,1]$,周围边界均是绝热固壁。初始时刻,$x=0.5$ 截面矗立着一道正激波。初值条件为

$$(\rho_0,u_0,v_0,p_0)=\begin{cases}(120,0,0,120/\gamma), & x\leqslant 0.5\\ (1.2,0,0,1.2/\gamma), & x>0.5\end{cases}\tag{4-37}$$

随后,正激波及尾随的接触间断向右运动,并在此过程中拖出边界层。在激波被右侧固壁反射后,激波和边界层作用产生复杂的流动结构。

本书计算的黏性激波管问题的雷诺数是 200,普朗特数是 0.73。计算使用的尺度是 $h=1/250$ 的三角形网格,计算终止时间 $t=1$,物理时间步长 $\Delta t=0.000\,5$,内迭代 CFL 数是 20,收敛标准是残差下降 3 个数量级。四阶 VFV 和 CLSFV 格式计算的密度分布如图 4.22 所示。两种格式的数值解都是基本无振荡的,并很好地解析了涡结构,体现了其高分辨率。仿照文献[127],用主涡高度来衡量计算结果的网格收敛性。四阶 VFV 和 CLSFV 格式计算得到的主涡高度和所消耗的 CPU 时间见表 4.5。主涡高度参考值是用四阶 VFV 格式在 $h=1/800$ 的三角形网格上计算得到的。通过对比可以发现,VFV 格式的计算结果更接近参考值。VFV 格式的

CPU 时间比 CLSFV 格式多 29%。黏性激波管问题的计算结果证明 VFV 和 CLSFV 格式具有强激波捕捉能力和高分辨率。

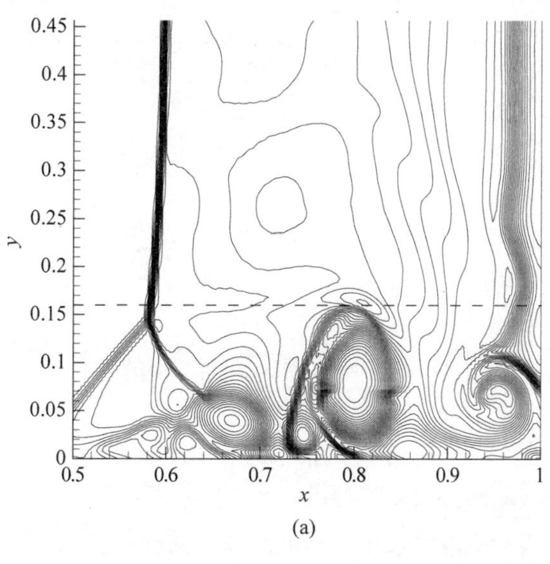

(a)

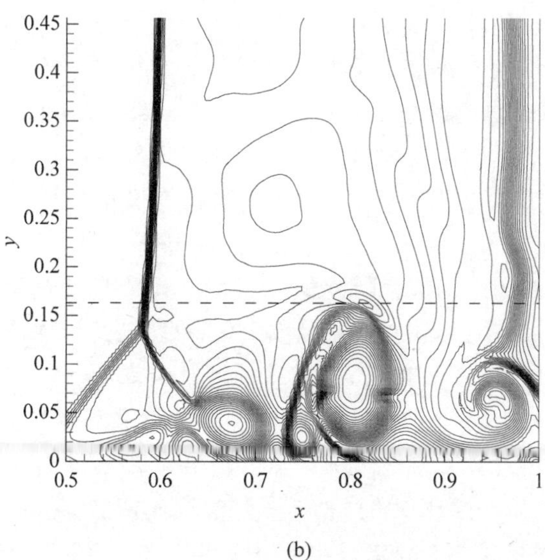

(b)

图 4.22　黏性激波管问题的密度等值线

(a) 四阶 CLSFV；(b) 四阶 VFV

表 4.5 黏性激波管问题的主涡高度和计算所用的 CPU 时间

格　式	四阶 CLSFV	四阶 VFV	参　考　值
主涡高度	0.160	0.163	0.167
CPU 时间/s	18 918	24 338	—

4.5.7 等熵涡

用 3.6.1 节的等熵涡问题[19]来比较本书涉及的几种格式，包括二阶有限体积、四阶 CLSFV、四阶 VFV 和四阶 DG 方法的精度。计算时间为一个周期 $t=10$。使用尺度从 1/4 加密至 1/32 的 4 个正方形网格，物理时间步长是 1/10 至 1/80。内迭代 CFL 数是 100，收敛标准是残差下降 7 个数量级。

图 4.23 给出了二阶有限体积、四阶 CLSFV、四阶 VFV、四阶 ADER-DG[128]和四阶 DGSEM[54-56]五种格式的 L_2 范数密度误差的比较。如图 4.23 所示，五种格式均能达到理论的精度阶数。同一网格上，四阶有限体积格式和四阶 DG 格式的计算误差远小于二阶有限体积格式。两个四阶 DG 格式的误差远小于两个四阶的有限体积格式，这是因为四阶 ADER-DG 和 DGSEM 格式在每个单元上求解的自由度数是有限体积格式的 16 倍。而根据图 4.23 所示的误差和自由度数的关系曲线，在自由度数相等的情况下，四阶 DG 格式和四阶有限体积格式的误差相差不大，VFV 格式的计算误差是最小的。

图 4.24 给出了二阶有限体积、四阶 CLSFV 和四阶 VFV 格式的计算效率的比较。图中误差与计算时间的关系曲线表明，相同 CPU 时间的条件下，四阶 CLSFV 和四阶 VFV 格式的计算误差要远小于二阶有限体积方法，计算效率更高。例如，在图 4.24 中，在 CPU 时间为 500s 时，四阶 CLSFV 格式的计算误差是二阶有限体积格式的 1/900，四阶 VFV 格式的计算误差是二阶有限体积格式的 1/4 770，因此四阶 CLSFV 格式的效率是二阶有限体积格式的 900 倍，四阶 VFV 格式的效率是二阶有限体积格式的 4 770 倍，这一比较结果充分体现了高精度数值方法相对于二阶精度数值方法的巨大效率优势。

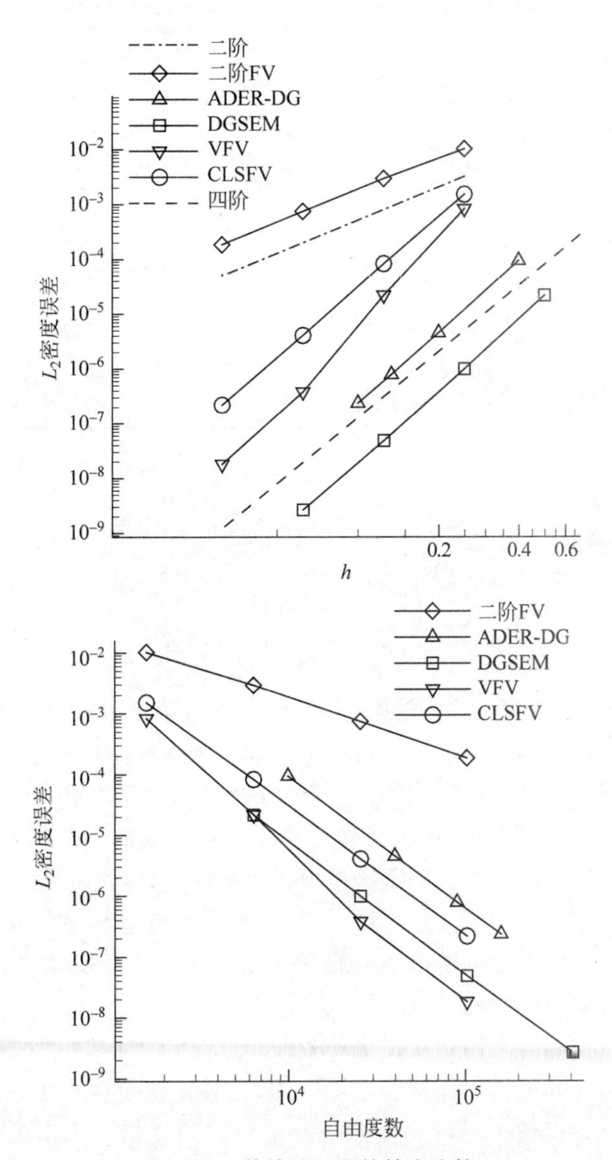

图 4.23　等熵涡问题的精度比较

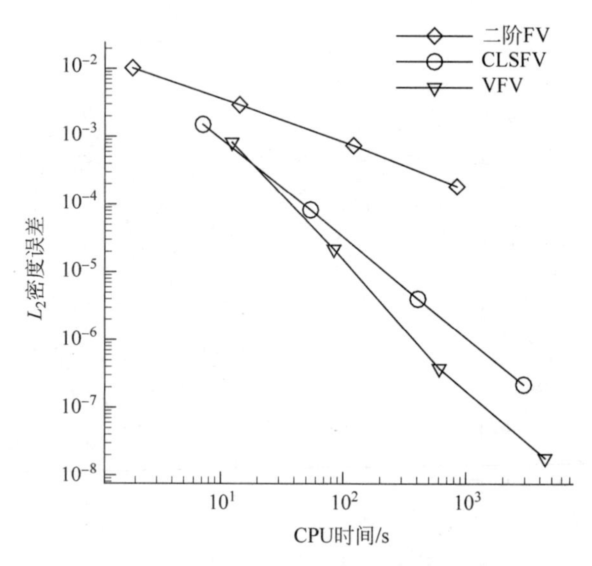

图 4.24　等熵涡问题的计算效率比较

4.6　本章小结

本章提出了变分重构方法。变分重构是基于泛函极值问题构造的，通过求解全局泛函的极值来导出重构关系式。本章具体研究的一个变分重构格式的泛函是整个计算域的网格交界面的“界面跳跃积分”总和。“界面跳跃积分”用来衡量界面左右两侧单元重构多项式分布的光滑性，“界面跳跃积分”越小，界面两侧单元的重构多项式分布越接近，即越光滑。因此，全场“界面跳跃积分”总和构成的泛函，可以衡量整个计算域上的分片连续多项式的光滑性。使得泛函取极小值的分片连续多项式分布，即“最光滑”的分布，便是变分重构的解。

变分重构相对于第 3 章提出的紧致最小二乘重构的一个巨大的进步，是可以证明变分重构矩阵是对称正定的，也就是说重构矩阵一定是非奇异的，变分重构存在唯一解。另外，变分重构比紧致最小二乘重构的精度更高，边界处理更加方便。

综上，本章通过一系列的无黏和黏性流动的标准算例证明了变分重构具有高阶精度、高计算效率和强激波捕捉能力。

第5章　三维流动模拟

本章将第4章提出的变分有限体积方法拓展到三维流动模拟。第4章中已经完整地介绍了二维变分有限体积方法的实施步骤，而这些步骤可以直接推广到三维，因此本章将主要介绍求解三维流动问题时需要解决的若干关键技术问题，包括高阶混合网格、并行计算和到壁面最小距离的求解。

复杂几何外形，如飞机机身，通常包含曲面边界。如果用直边网格表示曲面边界，会过滤掉高阶曲面信息，从而降低高阶数值方法的精度。处理曲面边界的实用方法是采用高阶网格。而处理高阶网格的难点在于建立任意高阶网格单元的参数变换。本章将提出直角参数坐标系下建立插值基函数的一般方法，并给出高阶三角形、四边形、四面体、三棱柱和六面体单元的参数变换公式。借助参数变换公式，可以求出数值积分点的物理坐标和Jacobi值，进行数值积分。计算金字塔单元体积分的最佳方案是将金字塔单元剖成两个四面体，金字塔单元的体积分就等于这两个四面体单元的体积分之和。

三维流动问题的网格规模通常都比较大，需要使用多个进程并行求解。并行计算有两个关键问题，一个是网格分块，另一个是数据传递。网格分块要做到负载均衡，以及单块网格上的局部编号较优(相邻单元的网格编号接近)。本书采用 Metis 5.1.0 软件包[129]，能够对任意混合网格进行分块。获得网格单元的块编号后，便可以设置虚拟网格，以及需要交换数据的两个块之间发送/接收的网格单元映射关系。进程间的通信操作使用 MPI (message passing interface)实现。

湍流模式中通常包含到壁面的最小距离。求解到壁面的最小距离有两种方法，一种是微分方程法[130-131]，一种是搜索法。微分方程法求解精度高，缺点是收敛困难。搜索法原理比较简单，计算速度非常快，合理地设置搜索方式也能达到一定的精度要求。本章采用搜索法求解到壁面的最小距离。

在本章的最后，将通过数值算例测试三维变分有限体积方法的精度、鲁棒性和激波捕捉能力。

5.1 高阶网格

5.1.1 高阶网格及其生成方法

按照单元形状区分，三维网格包含四面体、金字塔、三棱柱和六面体网格，以及两种及以上形状的混合网格。由于需要进行三维网格单元的面积分，所以还要考虑二维网格，即三角形、四边形和三角形/四边形混合网格。图 5.1 和图 5.2 分别展示了线性的三维和二维单元。

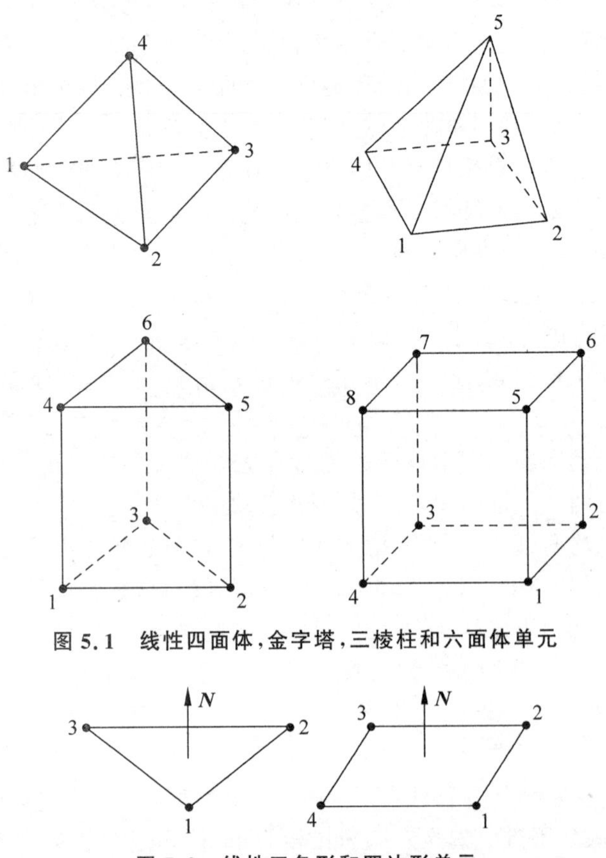

图 5.1　线性四面体，金字塔，三棱柱和六面体单元

图 5.2　线性三角形和四边形单元

网格包含的几何信息是控制点的坐标。控制点的个数由单元的形状和阶次决定，但有时同样形状和阶次的单元控制点点数也不唯一。例如二次六面体单元有两种，一种是包括 20 个控制点的 Serendipity 六面体单元(控制点分布在顶点和棱上)，另一种是包括 27 个控制点的拉格朗日六面体单元(控制点分布是三个二次线段控制点分布的张量积)，如图 5.3 所示。

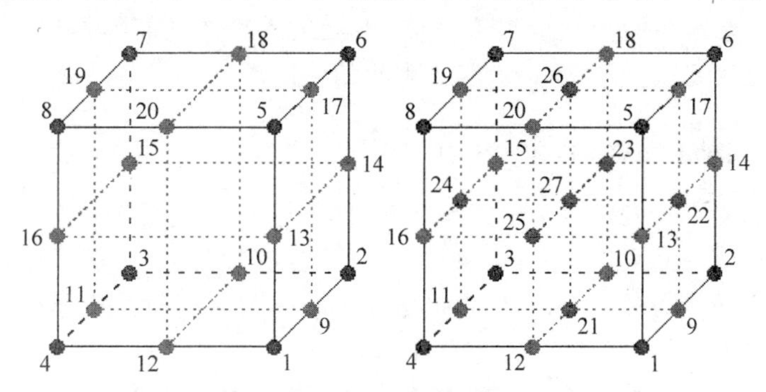

图 5.3　两种二次六面体单元

为了确切地描述高阶网格单元，采用 CGNS 标准[132]。CGNS 的单元类型命名包括两部分，第一部分是单元形状，第二部分是控制点数。例如，TRI_10 表示有 10 个控制点的三角形单元，TETRA_20 表示有 20 个控制点的四面体单元。CGNS 对控制点进行编号的顺序是"顶点、棱、面、体"，如图 5.3 的 HEXA_20 和 HEXA_27 所示。

对于混合网格，会出现不同形状的单元相邻，由于它们共享一个面，所以需要注意单元类型的匹配。例如，一个三次四面体单元和一个三次三棱柱单元相邻，如果共享的三角形是 TRI_9，那么四面体单元一定是 TETRA_16，三棱柱单元是 PENTA_24；如果共享的三角形是 TRI_10，那么四面体单元一定是 TETRA_20，三棱柱单元是 PENTA_38 或 PENTA_40。

本书使用线性、二次和三次网格，考虑到混合网格的单元类型匹配问题，采用的网格类型见表 5.1。

表 5.1　本书采用的网格单元类型

维度	形状	线性	二次	三次
一维	线段	BAR_2	BAR_3	BAR_4
二维	三角形	TRI_3	TRI_6	TRI_10
	四边形	QUAD_4	QUAD_9	QUAD_16
三维	四面体	TETRA_4	TETRA_10	TETRA_20
	金字塔	PYRA_5	PYRA_14	PYRA_30
	三棱柱	PENTA_6	PENTA_18	PENTA_40
	六面体	HEXA_8	HEXA_27	HEXA_64

本书采用的高阶网格生成方案是，首先用网格生成软件生成线性网格，然后将其导入 meshCurve 软件[99]，利用线性网格重构出高阶网格。目前，meshCurve 软件只能生成二次网格，不能生成阶次更高的网格。但是，二次网格已经足够光滑，可以满足大多数的应用需求。

5.1.2 高阶网格的参数变换

在高阶混合网格上实施高精度有限体积方法的关键是数值积分。在高阶网格单元上的数值积分计算方案是，先将高阶网格单元通过参数变换映射到规则的参数单元上，然后在参数单元上进行高斯数值积分。这个计算方案的核心是高阶网格单元的参数变换。

采用拉格朗日插值的办法进行参数变换。对于任意变量 q，其参数变换公式为

$$q(\xi,\eta,\zeta)=\sum_{i=1}^{n}q_i v_i(\xi,\eta,\zeta) \tag{5-1}$$

其中，(ξ,η,ζ)是参数坐标，$v_i(\xi,\eta,\zeta)$是第 i 个控制点的拉格朗日插值基函数，n 是控制点的总数。

为了确定某一高阶网格单元类型的参数变换，需要构造拉格朗日插值基函数。构造拉格朗日插值基函数时，需要满足以下几个条件[101]：

（ⅰ）插值条件：第 i 个插值基函数在第 i 个控制点的值是 1，在其他控制点的值是 0，即

$$v_i(\xi_j,\eta_j,\zeta_j)=\begin{cases}1, & j=i\\ 0, & j\neq i\end{cases} \tag{5-2}$$

（ⅱ）局部性条件：第 i 个插值基函数在不包含第 i 个控制点的任一参数单元边界（二维单元的边，三维单元的面）S 上的值都是 0，即

$$\forall(\xi,\eta,\zeta)\in\{S\mid(\xi_i,\eta_i,\zeta_i)\notin S\},v_i(\xi,\eta,\zeta)=0 \tag{5-3}$$

局部性条件意味着 S 对应的物理单元边界的参数变换只依赖于这个边界上的控制点。局部性条件保证了两个相邻单元的参数变换在公共边界上是一致的。

（ⅲ）相容性条件：包含 m 个控制点的棱，其参数变换阶次为 $m-1$。相容性条件保证了插值变量 q 的 C^{m-1} 阶连续性，并且能够兼容少于 m 个控制点的情形。

下面依据条件（ⅰ）～（ⅲ），给出适用于任意高阶网格单元的拉格朗日插值基函数构造方法。

（1）确定多项式基函数。拉格朗日插值基函数是多项式基函数，因此整个单元上的变量 q 的分布是一个多项式分布，可以写成如下形式：

$$q(\xi,\eta,\zeta)=\sum_{k=1}^{n}c_k b_k(\xi,\eta,\zeta) \tag{5-4}$$

根据条件（ⅱ）和（ⅲ）确定多项式基函数 $b_k(\xi,\eta,\zeta)$。

（2）列出求解多项式系数的线性方程组。根据条件（ⅰ），每个控制点上，插值多项式的值等于控制点变量值，即

$$q(\xi_i,\eta_i,\zeta_i)=\sum_{k=1}^{n}c_k b_k(\xi_i,\eta_i,\zeta_i)=q_i,\quad i=1,2,\cdots,n \tag{5-5}$$

上述 n 个线性方程可以组合成线性方程组：

$$\boldsymbol{B}\boldsymbol{c}=\boldsymbol{q} \tag{5-6}$$

式中的矩阵向量定义为

$$\boldsymbol{B}=[b_k(\xi_i,\eta_i,\zeta_i)]_{n\times n},\quad \boldsymbol{c}=[c_1,c_2,\cdots,c_n]^{\mathrm{T}},\quad \boldsymbol{q}=[q_1,q_2,\cdots,q_n]^{\mathrm{T}} \tag{5-7}$$

（3）解出多项式系数，导出拉格朗日插值基函数。求解式(5-6)的线性方程组，可得

$$c_k=\sum_{l=1}^{n}(\boldsymbol{B}^{-1})_{kl}q_l \tag{5-8}$$

将式(5-8)代入式(5-4)，得到

$$q(\xi,\eta,\zeta)=\sum_{k=1}^{n}\left[\sum_{l=1}^{n}(\boldsymbol{B}^{-1})_{kl}q_l\right]b_k(\xi,\eta,\zeta)=\sum_{l=1}^{n}q_l\left[\sum_{k=1}^{n}(\boldsymbol{B}^{-1})_{kl}b_k(\xi,\eta,\zeta)\right] \tag{5-9}$$

对比式(5-1)，导出拉格朗日插值基函数：

$$v_i(\xi,\eta,\zeta)=\sum_{k=1}^{n}(\boldsymbol{B}^{-1})_{ki}b_k(\xi,\eta,\zeta) \tag{5-10}$$

上述插值基函数构造方法适用于任意高阶单元，并且可以在数学符号推导软件上编程实现，高效实用。

需要说明的是，本书的所有参数变换公式中，参数坐标的范围是 $0\leqslant(\xi,\eta,\zeta)\leqslant 1$。

下面具体介绍二次网格单元的拉格朗日插值基函数的构造过程，其他阶次网格单元的拉格朗日插值基函数可以依据同样的思路进行构造。二次单元的特征是，在参数单元上，控制点是顶点、棱的中点或面的中心点。

二次线段单元 BAR_3（如图 5.4 所示）的多项式基函数为

$$b_1 = 1, \quad b_2 = \xi, \quad b_3 = \xi^2 \tag{5-11}$$

图 5.4　二次线段单元 BAR_3

对应的线性方程组为

$$\begin{bmatrix} 1 & 0 & 0 \\ 1 & 1/2 & 1/4 \\ 1 & 1 & 1 \end{bmatrix} \begin{pmatrix} c_1 \\ c_2 \\ c_3 \end{pmatrix} = \begin{pmatrix} q_1 \\ q_2 \\ q_3 \end{pmatrix} \tag{5-12}$$

因此

$$\boldsymbol{B}^{-1} = \begin{bmatrix} 1 & 0 & 0 \\ -3 & 4 & -1 \\ 2 & -4 & 2 \end{bmatrix} \tag{5-13}$$

代入式(5-10)，可得拉格朗日插值基函数：

$$v_1 = (1-\xi)(1-2\xi), \quad v_2 = 4\xi(1-\xi), \quad v_3 = \xi(2\xi - 1) \tag{5-14}$$

二次三角形单元 TRI_6（如图 5.5 所示）的多项式基函数为

$$\begin{aligned} & b_1 = 1, \quad b_2 = \xi, \quad b_3 = \eta, \\ & b_4 = \xi^2, \quad b_5 = \xi\eta, \quad b_6 = \eta^2 \end{aligned} \tag{5-15}$$

仿照式(5-12)～式(5-14)的步骤，可得拉格朗日插值基函数：

$$\begin{aligned} & v_1 = (\xi + \eta - 1)(2\xi + 2\eta - 1), \quad v_2 = \xi(2\xi - 1), \quad v_3 = \eta(2\eta - 1), \\ & v_4 = -4\xi(\xi + \eta - 1), \quad v_5 = 4\xi\eta, \quad v_6 = -4\eta(\xi + \eta - 1) \end{aligned} \tag{5-16}$$

二次四边形单元 QUAD_9（如图 5.6 所示）的插值基函数取两个一维线段单元的插值基函数的张量积：

$$\{v_{\mathrm{QUAD\_9}}(\xi, \eta)\} = \{v_{\mathrm{BAR\_3}}(\xi)\} \cdot \{v_{\mathrm{BAR\_3}}(\eta)\} \tag{5-17}$$

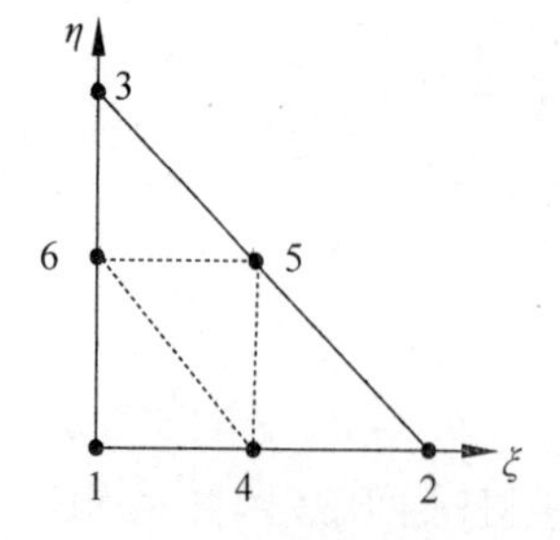

图 5.5　二次三角形单元 TRI_6

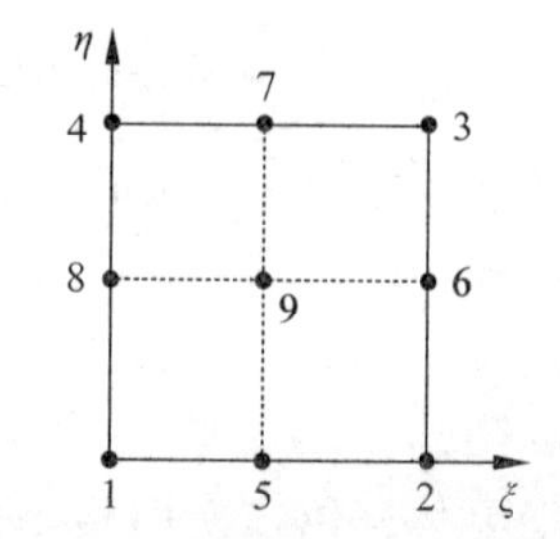

图 5.6　二次四边形单元 QUAD_9

二次四面体单元 TETRA_10（如图 5.7 所示）的多项式基函数为

$$b_1 = 1, \quad b_2 = \xi, \quad b_3 = \eta, \quad b_4 = \zeta,$$

$$b_5=\xi^2,\quad b_6=\xi\eta,\quad b_7=\xi\zeta,\quad b_8=\eta^2,\quad b_9=\eta\zeta,\quad b_{10}=\zeta^2 \tag{5-18}$$

拉格朗日插值基函数为

$$\begin{cases}
v_1=(-1+\zeta+\eta+\xi)(-1+2\zeta+2\eta+2\xi)\\
v_2=\xi(-1+2\xi)\\
v_3=\eta(-1+2\eta)\\
v_4=\zeta(-1+2\zeta)\\
v_5=-4\xi(-1+\zeta+\eta+\xi)\\
v_6=4\eta\xi\\
v_7=-4\eta(-1+\zeta+\eta+\xi)\\
v_8=-4\zeta(-1+\zeta+\eta+\xi)\\
v_9=4\zeta\xi\\
v_{10}=4\zeta\eta
\end{cases} \tag{5-19}$$

计算二次金字塔单元 PYRA_14(如图 5.8 所示)体积分的最佳方案是将其剖成两个四面体,在两个四面体单元上进行数值积分后求和。因此不对高阶金字塔单元进行参数变换。

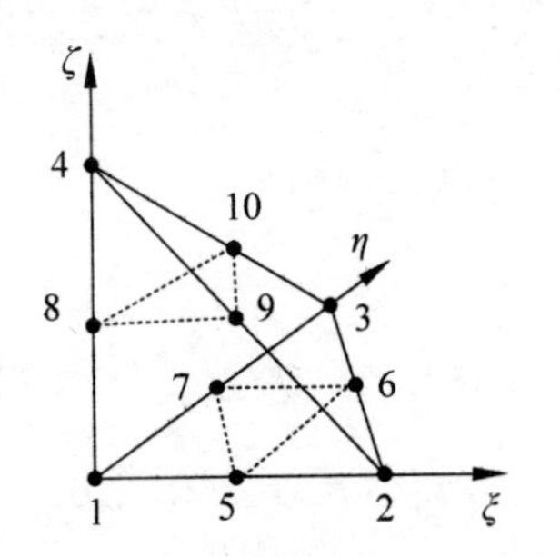

图 5.7　二次四面体单元 TETRA_10

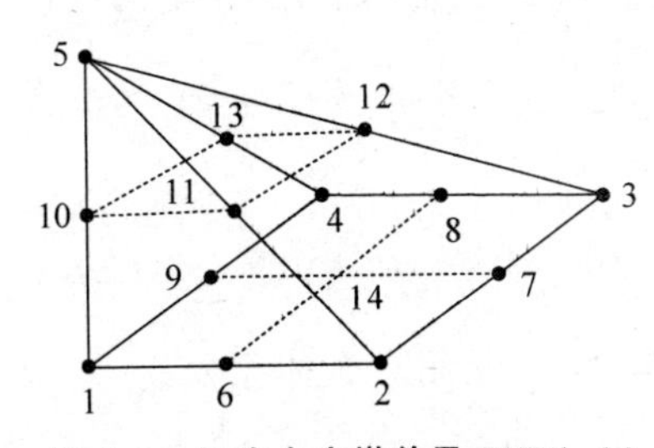

图 5.8　二次金字塔单元 PYRA_14

二次三棱柱单元 PENTA_18(如图 5.9 所示)的插值基函数取三角形单元和一维线段单元的插值基函数的张量积:

$$\{v_{\mathrm{PENTA\_18}}(\xi,\eta,\zeta)\}=\{v_{\mathrm{TRI\_6}}(\xi,\eta)\}\cdot\{v_{\mathrm{BAR\_3}}(\zeta)\} \tag{5-20}$$

二次六面体单元 HEXA_27(如图 5.10 所示)的插值基函数是三个一维线段单元的插值基函数的张量积:

$$\{v_{\mathrm{HEXA\_27}}(\xi,\eta,\zeta)\}=\{v_{\mathrm{BAR\_3}}(\xi)\}\cdot\{v_{\mathrm{BAR\_3}}(\eta)\}\cdot\{v_{\mathrm{BAR\_3}}(\zeta)\} \tag{5-21}$$

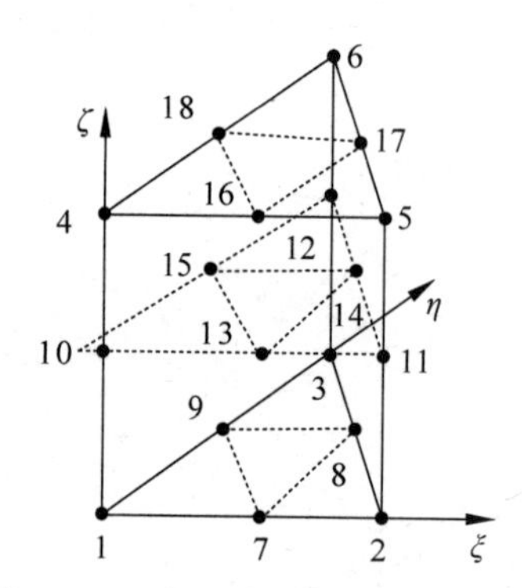

图 5.9　二次三棱柱单元 PENTA_18

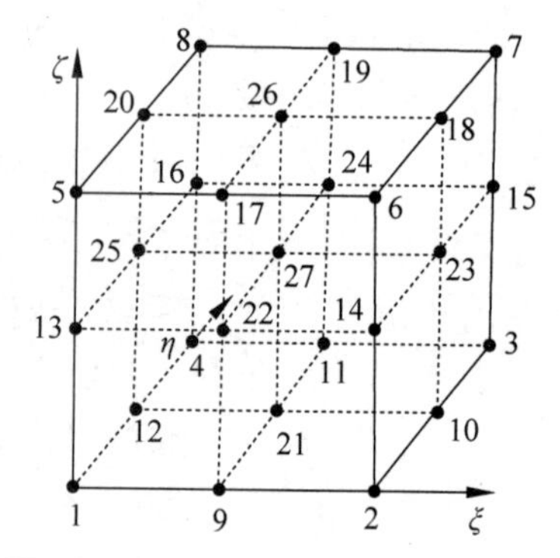

图 5.10　二次六面体单元 HEXA_27

5.1.3　高阶网格上的数值积分

高阶网格单元上空间坐标的参数变换为

$$\boldsymbol{x}(\xi,\eta,\zeta)=\sum_{k=1}^{n}\boldsymbol{x}_k v_k(\xi,\eta,\zeta) \tag{5-22}$$

基于空间坐标的参数变换，可以通过在参数单元上进行数值积分的办法来求解高阶控制体单元 Ω_i 上的数值体积分：

$$\begin{aligned}\iiint_{\Omega_i} f(x)\,\mathrm{d}x\,\mathrm{d}y\,\mathrm{d}z &= \iiint_{\Omega_i^{\mathrm{iso}}} f(\boldsymbol{x}(\xi,\eta,\zeta))J\,\mathrm{d}\xi\mathrm{d}\eta\mathrm{d}\zeta \\ &\approx \overline{\Omega}_i^{\mathrm{iso}}\sum_{g=1}^{N_G}\omega_g f(\boldsymbol{x}(\xi_g,\eta_g,\zeta_g))J_g\end{aligned} \tag{5-23}$$

其中，J_g 是第 g 个体积分高斯点上的 Jacobi 行列式，其计算公式为

$$J_g=\left|\frac{\partial(x,y,z)}{\partial(\xi,\eta,\zeta)}\right|_g \tag{5-24}$$

高阶控制体单元 Ω_i 的数值面积分的计算方法是

$$\begin{aligned}\oint_{\partial\Omega_i}\boldsymbol{F}(x)\cdot\boldsymbol{n}\,\mathrm{d}S &= \sum_{f\in\partial\Omega_i}\int_f \boldsymbol{F}(x)\cdot\boldsymbol{n}\,\mathrm{d}S \\ &\approx \sum_{f\in\partial\Omega_i}\overline{S}_f^{\mathrm{iso}}\sum_{g=1}^{N_G(f)}\omega_g\boldsymbol{F}(\boldsymbol{x}(\xi_g,\eta_g))\cdot\boldsymbol{n}_g\end{aligned} \tag{5-25}$$

其中，$\boldsymbol{n}_g$ 是第 g 个面积分高斯点上的指向单元外的面积矢量，其计算公式为

$$\boldsymbol{n}_g=\pm\left(\frac{\partial(y,z)}{\partial(\xi,\eta)},\frac{\partial(z,x)}{\partial(\xi,\eta)},\frac{\partial(x,y)}{\partial(\xi,\eta)}\right)_g \tag{5-26}$$

其中,等号右侧的正负以 $\boldsymbol{n}_g$ 指向单元外为准确定。

5.2 并行计算

本书的并行计算架构是,将计算网格分成若干块,每个进程上进行一块网格的计算,不同进程(块)之间通过 MPI 进行通信,包括数据的发送/接收、归约、同步等。网格分块的关键问题是负载均衡,使得各个进程间的计算速度比较接近,减少通信等待时间,提高并行计算效率。每个进程(块)上设置虚拟网格来存储需要用到的位于相邻进程(块)的单元的信息。

由于本书所用的计算格式是紧致的,每个单元只需要使用面相邻单元的信息,因此仅需要"一层"虚拟网格。相比于重构模板巨大的 k-exact 和 WENO 有限体积方法,紧致高精度有限体积方法使得并行计算过程中进程间的数据交换量和通信时间大大减少,进而提高了并行计算效率。

5.2.1 网格分块

本书用 Metis 5.1.0 软件包进行网格分块。Metis 5.1.0 软件包能够对任意高阶混合网格进行分块,它的输入文件只包含单元及顶点的编号,它的输出文件给出了每个单元所属的块编号。根据单元出现在某个块的顺序即可确定其在这个块上的局部编号。图 5.11 展示了一个方形计算域上的四面体网格分成 4 块的结果。

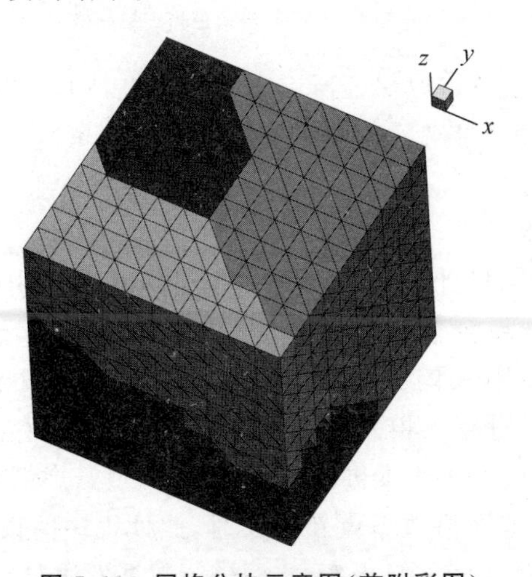

图 5.11　网格分块示意图(前附彩图)

块边界处单元的部分邻单元分布在别的进程上，因此需要设置虚拟网格来存储这些来自其他进程的邻单元的信息。如前文所述，使用的计算格式是紧致的，只需要设置一层虚拟网格。虚拟网格的设置方法是逐个地对内点单元进行检查，一旦某个面相邻单元不在本进程上，就可根据其全局编号找到其块编号和局部编号，并赋予它在当前进程的局部编号。设定虚拟单元的局部编号大于内点单元，即包含 N 个内点单元和 n_{vir} 个虚拟单元的进程，其虚拟单元编号范围是$[N+1, N+n_{\text{vir}}]$。图 5.12 展示了周期边界计算域的虚拟网格设置。

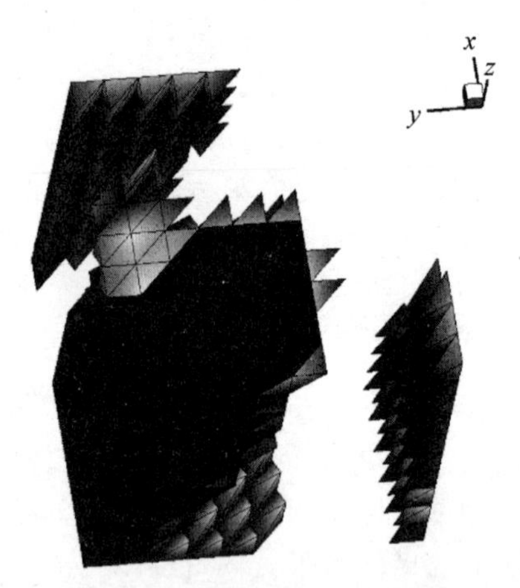

图 5.12　周期网格的虚拟网格设置示意图(前附彩图)

蓝色为内点网格，灰色为虚拟网格

虚拟网格的设置可以保证所有不在物理边界上的单元的算法实施都是统一的，给程序设计带来了很大的方便。

5.2.2　数据传递

重构、限制、通量计算和时间积分等计算过程，要用到虚拟网格上的平均值、重构多项式系数和平均值变化量等信息，因此需要进行进程间数据的发送/接收。本章用 MPI 进行通信。为了提高通信效率，采用非阻塞缓存通信模式，即每个进程将相邻块需要的数据发送到缓存区，然后每个进程从缓存区接收相邻块发送给本进程的信息，并赋值给虚拟网格。

为了避免虚拟网格数据更新不及时，此处程序的设计经验是，平均值、重构多项式系数等信息一旦更新，立即进行数据发送/接收操作。比如，在完成时间积分并更新单元平均值后，立即进行一次单元平均值的发送/接收，而不是在下一个时间步的重构过程开始时才进行单元平均值的发送/接收。

5.2.3 求解器的并行化

求解器的并行化需要考虑并行计算时如何进行矩阵向量乘、向量点乘、求全场极值等操作。矩阵向量乘的结果是向量，可以将数据分布存储在各个进程，每个进程求解出结果向量的一部分；向量点乘，可以在每个进程上先进行局部向量点乘，然后再进行归约求和操作；求全场极值，可以先求出每个进程上的极值后，再进行归约求极值（最大或最小）操作。

对于求出全场的合力后计算升阻力系数并输出到文件等适合在单个进程上完成的操作，在提前指定的"根进程"（通常设定为编号最小的进程）上执行。

另外，虚拟网格单元编号大于内点单元这种设定对诸如 LU-SGS 和 Gauss-Seidel 等逐个单元实施的算法的并行化非常有利。比如，第 2 章介绍的 LU-SGS 算法的并行化可按照如下步骤实施：

（1）按照单元编号从小到大地正向扫描，有

$$\Delta\bar{\boldsymbol{U}}_i^{m,*}=\left[\bar{\Omega}_i\boldsymbol{R}_i(\bar{\boldsymbol{U}}^m)-\sum_{j\in N_i,j<i}\frac{S_{ij}}{2}\left(\frac{\partial\boldsymbol{F}_{\text{inv}}(\bar{\boldsymbol{U}}_j)}{\partial\bar{\boldsymbol{U}}_j}-\lambda_{ij}\right)\Delta\bar{\boldsymbol{U}}_j^{m,*}\right]\Bigg/\left(\frac{\bar{\Omega}_i}{\Delta\tau_i}+\sum_{j\in N_i}\frac{S_{ij}\lambda_{ij}}{2}\right)\tag{5-27}$$

（2）传递守恒变量平均值的增量 $\Delta\bar{\boldsymbol{U}}_i^{m,*}$，赋值给虚拟网格；

（3）按照单元编号从大到小的反向扫描

$$\Delta\bar{\boldsymbol{U}}_i^m=\Delta\bar{\boldsymbol{U}}_i^{m,*}-\sum_{j\in N_i,j>i}\frac{S_{ij}}{2}\left(\frac{\partial\boldsymbol{F}_{\text{inv}}(\bar{\boldsymbol{U}}_j)}{\partial\bar{\boldsymbol{U}}_j}-\lambda_{ij}\right)\Delta\bar{\boldsymbol{U}}_j^m\Bigg/\left(\frac{\bar{\Omega}_i}{\Delta\tau_i}+\sum_{j\in N_i}\frac{S_{ij}\lambda_{ij}}{2}\right)\tag{5-28}$$

5.3 到壁面的最小距离

求解流场中的点到固体壁面的最小距离，是采用湍流模式时要解决的一个关键技术问题。目前广泛采用的到壁面的最小距离的求解方法有两种，一种是微分方程法[130,131]，另一种是简单的几何搜索法。微分方程法通过求解 Level-Set，Eikonal 或者与之等价的守恒方程，迭代求解到壁面的最小距离。这种方法的主要问题是收敛困难，而且难以做到高阶精度。几何

搜索法则比较简单直接，不存在收敛问题，但是如果搜索方法设置不当，搜索出的壁面距离精度会比较低。另外，搜索方法应该尽量做到并行化，否则在一个进程上搜索全部网格单元到壁面的最小距离，会花费太多时间。

本章设计了一个并行化的、较为精细的搜索法求解流场中的点到壁面的最小距离。基本步骤如下：

(1) 在进行网格前处理时，提取整个流场的固壁面网格信息，输出到一个文件；

(2) 在开始搜索壁面距离之前，每个进程都读入流场固壁面网格；

(3) 在每个进程，对单元逐个地搜索单元中心到固壁面所有网格的中心的最小值，记下对应的最小距离的面网格编号。记单元 i 中心到固壁面网格单元 j 中心的距离最小；

(4) 搜索单元 i 中心及其体积分高斯点到固壁面网格 j 及其顶点相邻单元的中心及体积分高斯点的距离的最小值。

上述壁面距离搜索方法的结果，误差不会超过高斯点之间的平均距离，因此高斯积分代数精度越高(积分点越多)，误差越小。例如，高斯积分代数精度为 3 时，壁面最小距离的误差不会超过网格尺度的 1/3。

5.4 数值算例

本节将四阶变分有限体积方法应用于三维流动的数值模拟，包括无黏、层流和湍流问题的计算。

5.4.1 精度测试

用三维欧拉方程的制造解来测试 VFV 方法的精度。制造解的原始变量表达式为

$$\begin{pmatrix} \rho \\ u \\ v \\ w \\ p \end{pmatrix} = \begin{pmatrix} 2 + A_0 \sin(\omega t - k_x x - k_y y - k_z y) \\ 0 \\ 0 \\ 0 \\ 2 + A_0 \sin(\omega t - k_x x - k_y y - k_z y) \end{pmatrix} \tag{5-29}$$

上式中的各参数取值为

$$A_0 = 1, \quad \omega = k_x = k_y = k_z = 2\pi \tag{5-30}$$

制造解不满足欧拉方程，为使方程两端平衡，在方程右端添加源项 $\boldsymbol{S}$：

$$
\boldsymbol{S}=\begin{pmatrix} S_1 \\ S_2 \\ S_3 \\ S_4 \\ S_5 \end{pmatrix}=\begin{pmatrix} \omega A_0\cos(\omega t-k_x x-k_y y-k_z y) \\ -k_x A_0\cos(\omega t-k_x x-k_y y-k_z y) \\ -k_y A_0\cos(\omega t-k_x x-k_y y-k_z y) \\ -k_z A_0\cos(\omega t-k_x x-k_y y-k_z y) \\ \dfrac{\omega}{\gamma-1}A_0\cos(\omega t-k_x x-k_y y-k_z y) \end{pmatrix} \tag{5-31}
$$

计算域是[0,1]×[0,1]×[0,1]的正方体，上/下、左/右和前/后边界均采用周期边界条件。采用两套不同类型的逐级加密的网格，一套是四面体网格，另一套是三棱柱/六面体混合网格，如图 5.13 所示。网格的尺度都是从 1/10 加密到 1/40。计算时间是 $t=0.2$。四面体网格上的物理时间步长从 1/200 加密到 1/800，三棱柱/六面体混合网格从 1/50 加密到 1/200。内迭代 CFL 数是 100，收敛标准是残差下降 7 个数量级。

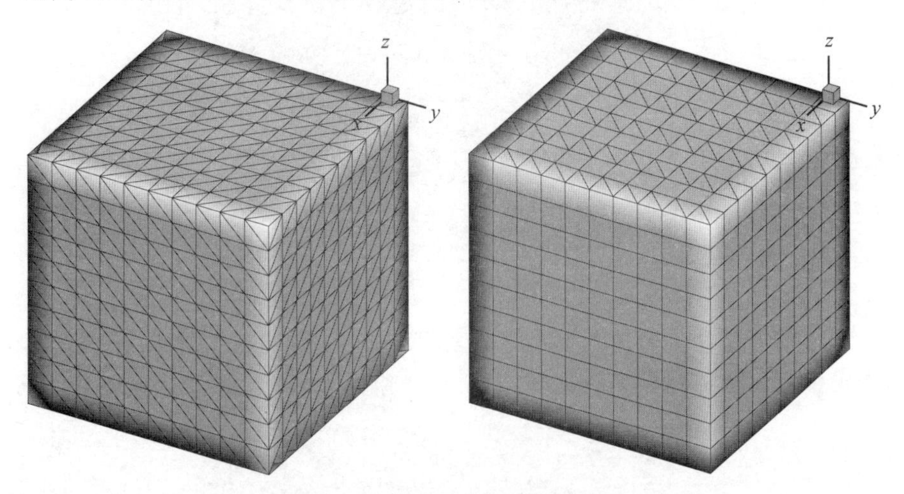

图 5.13　精度测试的网格示意图

四阶 VFV 的精度测试结果见表 5.2。精度测试结果表明，四阶 VFV 方法在两种类型的网格上均能达到四阶精度。

表 5.2　三维欧拉方程制造解问题的精度测试结果

网格	四面体网格				三棱柱/六面体混合网格			
	L_1 误差	阶数	L_∞ 误差	阶数	L_1 误差	阶数	L_∞ 误差	阶数
1/10	2.26E−05	—	5.22E−05	—	5.89E−04	—	1.21E−03	—
1/20	1.53E−06	3.89	3.69E−06	3.82	2.81E−05	4.39	5.03E−05	4.59
1/30	3.08E−07	3.95	8.11E−07	3.74	5.62E−06	3.97	9.31E−06	4.16
1/40	9.91E−08	3.94	2.33E−07	4.34	1.79E−06	3.97	2.96E−06	3.98

5.4.2 ONERA-M6 翼型跨声速无黏绕流

通过 ONERA-M6 跨声速无黏绕流问题[122] 来考察 VFV 格式的激波捕捉能力。ONERA-M6 翼型的前缘掠角是 30°,翼缩比是 0.562,展弦比是 3.8。翼型在展向的每个截面都是 ONERA"D"翼型,厚度是弦长的 10%。来流马赫数是 0.84,攻角是 3.06°。计算所用的网格如图 5.14 所示,共包含 1 092 270 个四面体单元,192 727 个网格点,用 8 个进程并行计算。

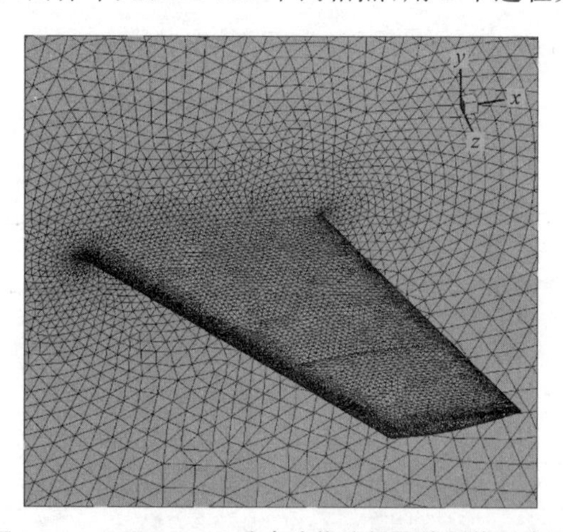

图 5.14 ONERA-M6 跨声速绕流问题的网格示意图

这个算例的流场包含激波,因此采用 WBAP 限制器(守恒限制)来抑制激波附近的数值振荡。图 5.15 展示了使用四阶 VFV 格式计算得到的马

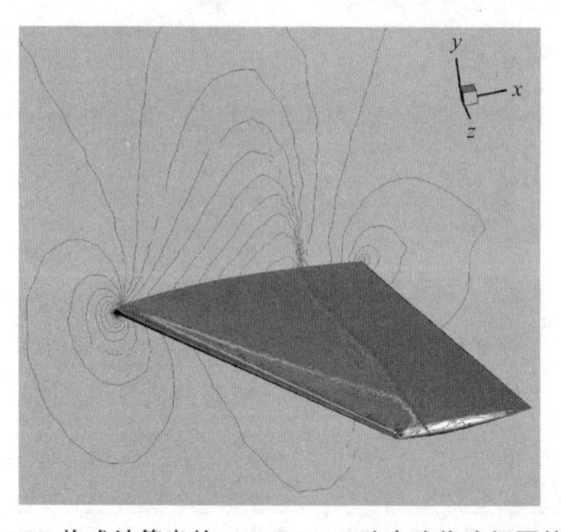

图 5.15 四阶 VFV 格式计算出的 ONERA-M6 跨声速绕流问题的马赫数等值线

赫数等值线。四阶 VFV 格式的计算结果是基本无振荡的，证明了 WBAP 限制器优良的激波捕捉能力。另外，四阶 VFV 格式高分辨率地捕捉了翼型上表面由两道斜激波相交形成的 λ 形状的激波结构。

5.4.3　圆球亚声速定常层流绕流

这个算例计算亚声速圆球绕流场，主要用来考察 VFV 格式的收敛性。为了和实验结果[133]进行对比，采用文献[134]的流动参数设置。无穷远来流的马赫数是 0.253 5。圆球直径是 1，基于圆球直径的雷诺数是 118。黏性系数为常数，圆球表面采用绝热固壁边界条件。计算域由直径是 20 的半球和直径是 20、高度是 25 的圆柱相接而成，如图 5.16 所示。由于圆球表面是弯曲的，采用高阶网格来高精度地逼近真实几何形状。用网格软件生成 CGNS 格式的线性四面体网格（TETRA_4），然后用 meshCurve 软件将线性网格转换成二次四面体网格（TETRA_10）。在圆球附近和尾迹区对网格进行加密，如图 5.17 所示。整个网格共包含 458 915 个四面体单元，77 844 个网格点，采用 24 个进程并行计算。

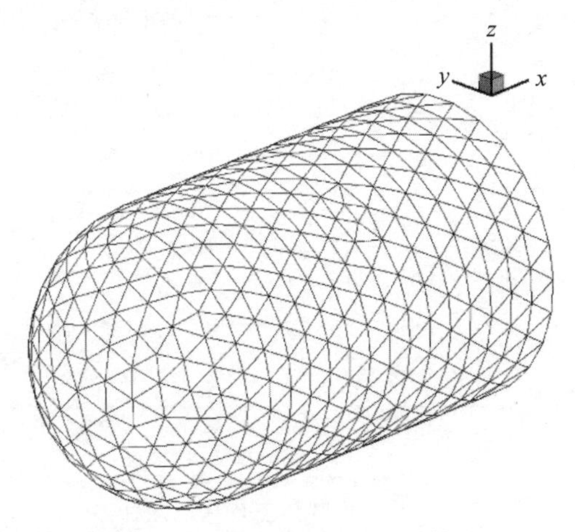

图 5.16　圆球绕流问题的计算域

用四阶 VFV 格式计算这个问题。图 5.18 展示了计算收敛曲线，四阶 VFV 格式能够收敛到机器零，收敛性良好。图 5.19 展示了计算出的 $z=0$ 截面上，圆球周围的马赫数等值线和流线。从图中可以看出，四阶 VFV 格式计算出了圆球后方分离区的旋涡，并很好地保持了流动的对称性。

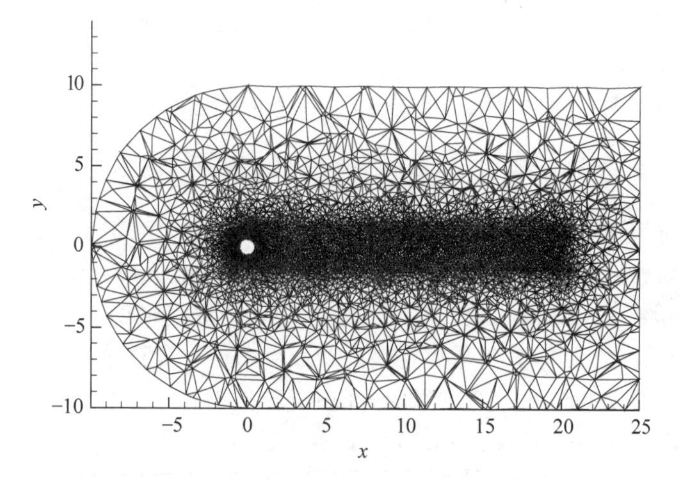

图 5.17 圆球绕流问题的 $z=0$ 截面网格分布

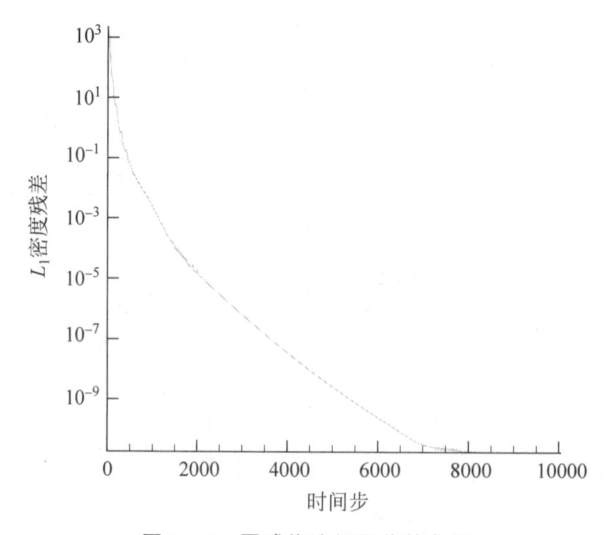

图 5.18 圆球绕流问题收敛曲线

为了定量地验证计算结果的正确性，在表 5.3 中将计算出的阻力系数与三阶 DDG[135]、六阶 FR[136] 及实验[133] 的结果进行对比。对比发现，四阶 VFV 格式计算出的阻力系数与实验值吻合得最好，这证明了 VFV 格式的高精度。另外，由于攻角是 0°，理论上升力系数是 0，计算出的升力系数是 1.99E−05，与理论值吻合得很好。

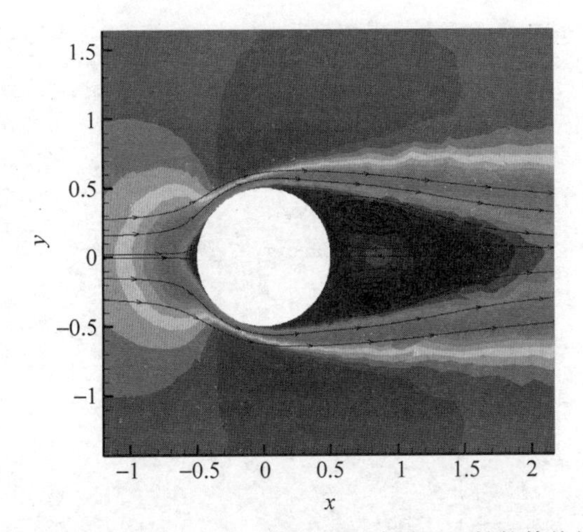

图 5.19　圆球绕流问题的 $z=0$ 截面上圆球附近马赫数等值线和流线

表 5.3　圆柱绕流问题的升力和阻力系数

格　式	自由度数	阻力系数
实验[133]	—	1.0
四阶 VFV	458 915	1.014 4
三阶 DDG[135]	1 608 680	1.016 2
六阶 FR[136]	331 776	1.016 2

5.4.4　三角翼大攻角绕流

这个算例用来考察 VFV 格式计算以旋涡为主的流动问题的能力。来流马赫数是 0.3，攻角是 12.5°，雷诺数是 4 000。黏性系数为常数，翼型表面采用等温固壁边界条件。采用 International Workshop on High-Order CFD Methods[9] 提供的一套网格，如图 5.20 所示，共包含 208 896 个六面体单元，采用 8 个进程并行计算。

气流从前缘经过后会被卷起，形成旋涡，并形成二次涡。这些涡在离开三角翼后，在三角翼后方拖出一串很长的涡。具体流动过程描述见参考文献[137]。由于三角翼上附着有丰富的涡结构，因此三角翼升阻力的准确计算将对格式的流动结构解析能力带来挑战。

在表 5.4 中将四阶 VFV、三阶 DDG[135] 和三阶 DG-BR2[9] 格式计算出

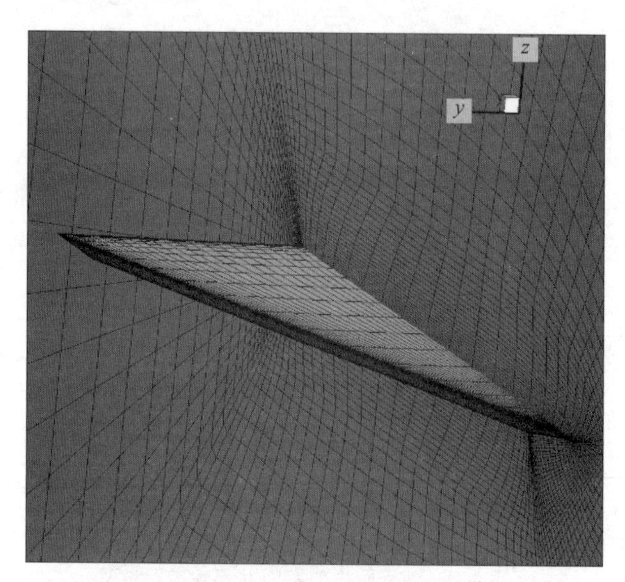

图 5.20 三角翼大攻角绕流问题的网格示意图

的升阻力系数与参考值进行比较。对比发现，四阶 VFV 格式预测的升阻力系数与参考值吻合得很好。另外，在使用略少的自由度的情况下，四阶 VFV 格式对升力系数的预测结果优于三阶 DDG 和三阶 DG-BR2 格式，阻力系数的预测结果介于后两者之间。

表 5.4 三角翼大攻角绕流问题的升力和阻力系数

格式	自由度数	升力系数	阻力系数
参考值[9]	—	0.347	0.165 8
四阶 VFV	208 896	0.349	0.166 8
三阶 DDG[135]	261 120	0.351	0.166 4
三阶 DG-BR2[9]	261 120	0.353	0.169 0

5.4.5 湍流平板边界层

这个算例来自 NASA Turbulence Modeling Resource 网站[138]，用来考察 VFV 格式解析湍流边界层的能力。来流马赫数是 0.2，雷诺数是 5.0E+06。采用 Spalart-Allmaras 湍流模式[139]，采用网站提供的包含 2×137×97 个网格点的六面体网格。

四阶 VFV 格式计算出的 $x=0.970\,08$ 和 $x=1.903\,34$ 截面上的流向速度剖面如图 5.21 所示。VFV 格式计算出的速度剖面和 CFL3D 在密网格(单元数是本书使用的网格的 16 倍)上计算出的速度剖面吻合得非常好，并在黏性底层区域符合线性律，在对数区符合对数律。为进一步考察计算结果的准确性，在图 5.22 中画出了平板表面的摩擦阻力系数曲线，发现 VFV 格式的结果和 CFL3D 在密网格上的结果吻合得非常好。上述结果表明，VFV 方法对湍流边界层的解析能力良好。

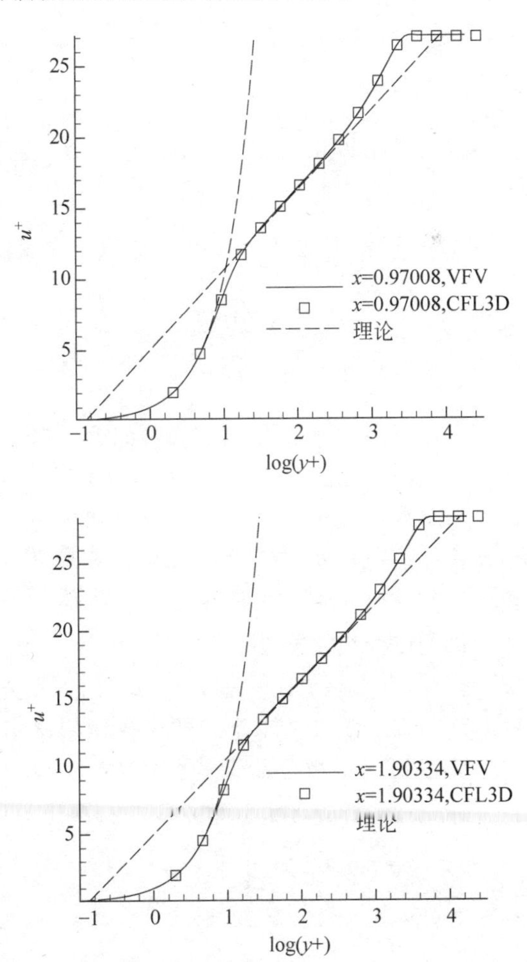

图 5.21　湍流平板边界层问题的速度剖面

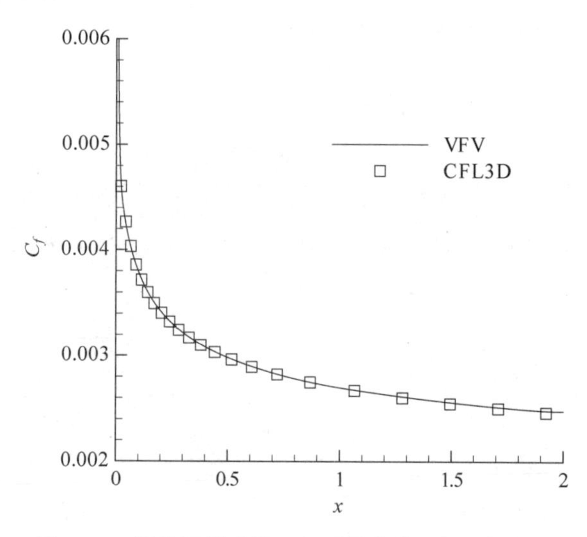

图 5.22 湍流平板边界层问题的摩擦阻力系数曲线

5.5 本章小结

本章将变分有限体积方法拓展到三维高阶混合网格上，主要解决了高阶网格参数变换、并行计算和到壁面的最小距离求解等关键技术问题。本书建立了构造任意高阶混合网格参数变换的拉格朗日插值基函数的方法，可以借助符号推导软件快速求解。借助于参数变换，将任意高阶网格单元上的数值积分转换为参数单元上的数值积分。本书给出了网格分块、数据传递和求解器并行化等过程的策略，能够通过并行计算的方式加速三维大规模问题的求解。另外，本书给出了一种并行的几何搜索方法，可以快速求解流场中的点到固壁的最小距离。本章的数值算例测试结果表明，三维变分有限体积方法能够达到理论精度阶数，收敛性能良好，能够自动捕捉激波，对升阻力系数预测准确，并且能够高效地解析湍流边界层。

第6章　总结与展望

本书提出并发展了非结构网格紧致高精度有限体积方法，并将其应用于可压缩流动模拟。紧致高精度有限体积方法的可行性基础是“重构和时间推进耦合迭代方案”，难点是紧致高精度重构格式的设计。本书的主要创新点如下：

1. 提出了紧致最小二乘重构，克服了传统高精度重构模板巨大的瓶颈。紧致最小二乘重构的线性方程组是令中心单元的重构多项式及其空间导数在面相邻单元上守恒而获得的。相比于传统高精度重构只是令中心单元的重构多项式在相邻单元上守恒，紧致最小二乘重构所要求的重构多项式的空间导数的守恒提供了额外的重构方程，使得在紧致模板上能够获得足够多的线性方程来求解高阶重构多项式的待定系数。

2. 提出了基于泛函极值问题的变分重构方案，克服了紧致最小二乘在重构矩阵奇异性和边界处理方面的不足。变分重构通过求解全局泛函极值问题，得到一个“最光滑”的分片多项式分布。相比于传统重构和紧致最小二乘重构，变分重构最大的优势是其重构矩阵具有对称正定特性，因此重构矩阵是非奇异的，变分重构有唯一解。另外，紧致最小二乘重构需要在边界单元上降一阶，而变分重构在边界单元上无需降阶，边界重构精度阶数与内点单元相同，能够达到全场一致的高阶精度。边界条件在变分重构中的实施也是非常方便的。

3. 提出了“重构和时间推进耦合迭代方案”，保证了基于隐式重构的有限体积方法的高效率。将隐式重构迭代和隐式(双时间步)时间推进迭代耦合，在每个虚拟时间步，只进行一次重构迭代，重构和时间积分这两个相互耦合的过程最终会一起收敛。重构和时间推进耦合迭代方案，避免了重构的隐式特性带来的额外计算开销，提高了计算效率。

4. 发展和完善了非结构网格高精度有限体积方法求解体系，包括高阶网格变换、基于特征变量的限制器、黏性通量、高阶隐式时间推进等方面。本书给出了求解任意高阶单元参数变换插值基函数的高效方案，提出了能够避免“奇偶失联”的高精度黏性通量计算方法，简化了 WBAP 特征限制过程，引入了隐式 Runge-Kutta 使得隐式时间推进达到高阶精度，并实现了无矩阵化的 GMRES＋LU-SGS 求解器。

5. 将本书发展的非结构网格高精度有限体积方法应用于可压缩流动问题的计算，取得了良好的计算结果。在大量的算例测试中，证明了非结构网格紧致高精度有限体积方法在非定常涡输运、翼型升阻力计算和复杂流场结构解析方面的计算效率优于二阶方法；对包含间断的流动问题的计算结果表明，与 WBAP 限制器结合使用时，非结构网格紧致高精度有限体积方法具有强激波捕捉能力；对二维和三维复杂流动问题的测试结果表明，非结构网格紧致高精度有限体积方法的收敛性和鲁棒性良好。

下一步的工作包括但不限于：采用 RANS/DES 方法计算复杂飞行器气动问题；采用隐式大涡模拟或者直接数值模拟，研究飞行器绕流的转捩问题；将变分重构引入 P_NP_M 方法，突破现有 P_NP_M 方法 M 的上限，寻找效率最优的 P_NP_M 格式；采用网格/精度自适应技术，提高方法对于非定常激波或者非定常涡传播等类型问题的计算效率；引入多重网格等加速技术，提高迭代收敛速度。

参 考 文 献

[1] 任玉新，陈海昕. 计算流体力学基础[M]. 北京：清华大学出版社，2006.

[2] ECONOMON T D, PALACIOS F, COPELAND S R, et al. SU2: An open-source suite for multiphysics simulation and design[J]. AIAA Journal, 2015, 54(3): 828-846.

[3] JASAK H, JEMCOV A, TUKOVIC Z. OpenFOAM: A C++library for complex physics simulations[C]//International workshop on coupled methods in numerical dynamics. Dubrovnik: IUC, 2007:1000.1-1000.20.

[4] FRINK NT. Recent progress toward a three-dimensional Navier-Stokes solver [C]//32nd Aerospace Sciences Meeting and Exhibit. Reno: AIAA, 1994:61.

[5] HASELBACHER A, BLAZEK J. Accurate and efficient discretization of Navier-Stokes equations on mixed grids[J]. AIAA Journal, 2000, 38(11): 2094-2102.

[6] VAN LEER B. Towards the ultimate conservative difference scheme. V. A second-order sequel to Godunov's method[J]. Journal of Computational Physics, 1979, 32(1): 101-136.

[7] HUBBARD M E. Multidimensional slope limiters for MUSCL-type finite volume schemes on unstructured grids[J]. Journal of Computational Physics, 1999, 155(1): 54-74.

[8] AFTOSMIS M, GAITONDE D, TAVARES T S. Behavior of linear reconstruction techniques on unstructured meshes[J]. AIAA Journal, 1995, 33(11): 2038-2049.

[9] WANG Z J, FIDKOWSKI K, ABGRALL R, et al. High - order CFD methods: Current status and perspective[J]. International Journal for Numerical Methods in Fluids, 2013, 72(8): 811-845.

[10] WANG Z J. High-order methods for the Euler and Navier-Stokes equations on unstructured grids[J]. Progress in Aerospace Sciences, 2007, 43(1): 1-41.

[11] ADIGMA-A. European Initiative on the Development of Adaptive Higher Order Variational Methods for Aerospace Applications: Results of a Collaborative Research Project Funded by the European Union, 2006-2009 [M]. Berlin: Springer, 2010.

[12] IDIHOM: Industrialization of high-order methods-A top-down approach: Results of a collaborative research project funded by the European Union, 2010-2014 [M]. Berlin: Springer, 2015.

[13] SLOTNICK J, KHODADOUST A, ALONSO J, et al. CFD vision 2030 study:

A path to revolutionary computational aerosciences[R]. [S. l.]: NASA/CR-2014-218178, 2014.
[14] BARTH T, FREDERICKSON P. Higher order solution of the Euler equations on unstructured grids using quadratic reconstruction [C]//28th Aerospace Sciences Meeting. Reno: AIAA, 1990: 13.
[15] DELANAYE M, LIU Y. Quadratic reconstruction finite volume schemes on 3D arbitrary unstructured polyhedral grids[C]//14th Computational Fluid Dynamics Conference. Norfolk: AIAA, 1999: 3259.
[16] OLLIVIER-GOOCH C, VAN ALTENA M. A high-order-accurate unstructured mesh finite-volume scheme for the advection-diffusion equation[J]. Journal of Computational Physics, 2002, 181(2): 729-752.
[17] OLLIVIER-GOOCH C. Quasi-ENO schemes for unstructured meshes based on unlimited data-dependent least-squares reconstruction [J]. Journal of Computational Physics, 1997, 133(1): 6-17.
[18] FRIEDRICH O. Weighted essentially non-oscillatory schemes for the interpolation of mean values on unstructured grids[J]. Journal of Computational Physics, 1998, 144(1): 194-212.
[19] HU C, SHU C W. Weighted essentially non-oscillatory schemes on triangular meshes[J]. Journal of Computational Physics, 1999, 150(1): 97-127.
[20] DUMBSER M, KÄSER M. Arbitrary high order non-oscillatory finite volume schemes on unstructured meshes for linear hyperbolic systems[J]. Journal of Computational Physics, 2007, 221(2): 693-723.
[21] DUMBSER M, KÄSER M, TITAREV V A, et al. Quadrature-free non-oscillatory finite volume schemes on unstructured meshes for nonlinear hyperbolic systems[J]. Journal of Computational Physics, 2007, 226(1): 204-243.
[22] REED W H, HILL T R. Triangularmesh methodsfor the neutrontransportequation [R]. [S. l.]: Los Alamos Report LA-UR-73-479, 1973.
[23] COCKBURN B, SHU C W. TVB Runge-Kutta local projection discontinuous Galerkin finite element method for conservation laws. II. General framework[J]. Mathematics of Computation, 1989, 52(186): 411-435.
[24] COCKBURN B, LIN S Y, SHU C W. TVB Runge-Kutta local projection discontinuous Galerkin finite element method for conservation laws III: One-dimensional systems [J]. Journal of Computational Physics, 1989, 84 (1): 90-113.
[25] COCKBURN B, SHU C W. The Runge-Kutta discontinuous Galerkin method for conservation laws V: Multidimensional systems[J]. Journal of Computational Physics, 1998, 141(2): 199-224.
[26] COCKBURN B, SHU C W. Runge-Kutta discontinuous Galerkin methods for

convection-dominated problems[J]. Journal of Scientific Computing, 2001, 16(3): 173-261.

[27] HUYNH H T. A flux reconstruction approach to high-order schemes including discontinuous Galerkin methods [C]//18th Computational Fluid Dynamics Conference. Miami: AIAA, 2007: 4079.

[28] WANG Z J, GAO H. A unifying lifting collocation penalty formulation including the discontinuous Galerkin, spectral volume/difference methods for conservation laws on mixed grids[J]. Journal of Computational Physics, 2009, 228(21): 8161-8186.

[29] DUMBSER M, BALSARA D S, TORO E F, et al. A unified framework for the construction of one-step finite volume and discontinuous Galerkin schemes on unstructured meshes[J]. Journal of Computational Physics, 2008, 227(18): 8209-8253.

[30] DUMBSER M. Arbitrary high order $P_N P_M$ schemes on unstructured meshes for the compressible Navier-Stokes equations[J]. Computers & Fluids, 2010, 39(1): 60-76.

[31] DUMBSER M, ZANOTTI O. Very high order $P_N P_M$ schemes on unstructured meshes for the resistive relativistic MHD equations[J]. Journal of Computational Physics, 2009, 228(18): 6991-7006.

[32] ABGRALL R. On essentially non-oscillatory schemes on unstructured meshes: Analysis and implementation[J]. Journal of Computational Physics, 1994, 114(1): 45-58.

[33] LI W, REN Y X. High-order *k*-exact WENO finite volume schemes for solving gas dynamic Euler equations on unstructured grids[J]. International Journal for Numerical Methods in Fluids, 2012, 70(6): 742-763.

[34] PARK J S, YOON S H, KIM C. Multi-dimensional limiting process for hyperbolic conservation laws on unstructured grids[J]. Journal of Computational Physics, 2010, 229(3): 788-812.

[35] PARK J S, KIM C. Multi-dimensional limiting process for finite volume methods on unstructured grids[J]. Computers & Fluids, 2012, 65: 8-24.

[36] LI W, REN Y X, LEI G, et al. The multi-dimensional limiters for solving hyperbolic conservation laws on unstructured grids[J]. Journal of Computational Physics, 2011, 230(21): 7775-7795.

[37] LI W, REN Y X. The multi-dimensional limiters for solving hyperbolic conservation laws on unstructured grids II: Extension to high order finite volume schemes[J]. Journal of Computational Physics, 2012, 231(11): 4053-4077.

[38] ARNONE A, LIOU M S, POVINELLI L A. Integration of Navier-Stokes equations using dual time stepping and a multigrid method[J]. AIAA Journal,

1995, 33(6): 985-990.

[39] ZHANG L P, WANG Z J. A block LU-SGS implicit dual time-stepping algorithm for hybrid dynamic meshes[J]. Computers & Fluids, 2004, 33(7): 891-916.

[40] LUO H, BAUM J D, LÖHNER R. A Fast, Matrix-free implicit method for compressible flows on unstructured grids[J]. Journal of Computational Physics, 1998, 146(2): 664-690.

[41] 李万爱. 非结构网格高精度数值方法的若干问题研究[D]. 北京:清华大学, 2012.

[42] LI W. Efficient Implementation of High-Order Accurate Numerical Methods on Unstructured Grids[M]. Berlin: Springer, 2014.

[43] 张英丽. 非结构网格有限体积方法的应用研究[D]. 北京:清华大学, 2013.

[44] RASHAD R. Development of a high-order finite-volume method for the Navier-Stokes equations in three dimensions [D]. Toronto: University of Toronto, 2009.

[45] CUETO-FELGUEROSO L, COLOMINAS I, FE J, et al. High-order finite volume schemes on unstructured grids using moving least-squares reconstruction. Application to shallow water dynamics[J]. International Journal for Numerical Methods in Engineering, 2006, 65(3): 295-331.

[46] COCKBURN B, KANSCHAT G, PERUGIA I, et al. Superconvergence of the local discontinuous Galerkin method for elliptic problems on Cartesian grids[J]. SIAM Journal on Numerical Analysis, 2001, 39(1): 264-285.

[47] ROE P A. Simple explanation of superconvergence for discontinuous Galerkin solutions to $u_t + u_x = 0$[J]. Communications in Computational Physics, 2017, 21(4): 905-912.

[48] JIANG Z H, YAN C, YU J, et al. Hermite WENO-based limiters for high order discontinuous Galerkin method on unstructured grids[J]. Acta Mechanica Sinica, 2012, 28(2): 241-252.

[49] YU J, YAN C. An artificial diffusivity discontinuous Galerkin scheme for discontinuous flows[J]. Computers & Fluids, 2013, 75: 56-71.

[50] LI W, REN Y X. The multi-dimensional limiters for discontinuous Galerkin method on unstructured grids[J]. Computers & Fluids, 2014, 96: 368-376.

[51] 秦望龙,吕宏强,伍贻兆. 基于混合网格的高阶间断有限元黏流数值解法[J]. 力学学报, 2013, 45(6): 987-991.

[52] LU H, ZHU J, WANG D, et al. Runge-Kutta discontinuous Galerkin method with front tracking method for solving the compressible two-medium flow[J]. Computers & Fluids, 2016, 126: 1-11.

[53] CHENG J, YANG X, LIU X, et al. A direct discontinuous Galerkin method for

the compressible Navier-Stokes equations on arbitrary grids[J]. Journal of Computational Physics, 2016, 327: 484-502.

[54] KOPRIVA D A, GASSNER G. On the quadrature and weak form choices in collocation type discontinuous Galerkin spectral element methods[J]. Journal of Scientific Computing, 2010, 44(2): 136-155.

[55] MINOLI C A A, KOPRIVA D A. Discontinuous Galerkin spectral element approximations on moving meshes[J]. Journal of Computational Physics, 2011, 230(5): 1876-1902.

[56] FLAD D, BECK A, MUNZ C D. Simulation of underresolved turbulent flows by adaptive filtering using the high order discontinuous Galerkin spectral element method[J]. Journal of Computational Physics, 2016, 313: 1-12.

[57] ZHANG M, SHU C W. An analysis of three different formulations of the discontinuous Galerkin method for diffusion equations[J]. Mathematical Models and Methods in Applied Sciences, 2003, 13(03): 395-413.

[58] COCKBURN B, SHU C W. The local discontinuous Galerkin method for time-dependent convection-diffusion systems[J]. SIAM Journal on Numerical Analysis, 1998, 35(6): 2440-2463.

[59] BASSI F, CRIVELLINI A, REBAY S, et al. Discontinuous Galerkin solution of the Reynolds-averaged Navier-Stokes and k-ω turbulence model equations[J]. Computers & Fluids, 2005, 34(4): 507-540.

[60] ARNOLD D N. An interior penalty finite element method with discontinuous elements[J]. SIAM Journal on Numerical Analysis, 1982, 19(4): 742-760.

[61] HARTMANN R, HOUSTON P. Symmetric interior penalty DG methods for the compressible Navier-Stokes equations I: Method Formulation[J]. International Journal of Numerical Analysis & Modeling, 2006, 3(1): 1-20.

[62] PERAIRE J, PERSSON P O. The compact discontinuous Galerkin (CDG) method for elliptic problems[J]. SIAM Journal on Scientific Computing, 2008, 30(4): 1806-1824.

[63] LIU H, YAN J. The direct discontinuous Galerkin (DDG) methods for diffusion problems[J]. SIAM Journal on Numerical Analysis, 2009, 47(1): 675-698.

[64] GASSNER G, LÖRCHER F, MUNZ C D. A contribution to the construction of diffusion fluxes for finite volume and discontinuous Galerkin schemes[J]. Journal of Computational Physics, 2007, 224(2): 1049-1063.

[65] ARNOLD D N, BREZZI F, COCKBURN B, et al. Unified analysis of discontinuous Galerkin methods for elliptic problems[J]. SIAM Journal on Numerical Analysis, 2002, 39(5): 1749-1779.

[66] KANNAN R, WANG Z J. The direct discontinuous Galerkin (DDG) viscous flux scheme for the high order spectral volume method[J]. Computers & Fluids,

2010，39(10)：2007-2021.

[67] GAO H，WANG Z J，HUYNH H T. Differential formulation of discontinuous Galerkin and related methods for the Navier-Stokes equations[J]. Communications in Computational Physics，2013，13(04)：1013-1044.

[68] LIU Y，VINOKUR M，WANG Z J. Spectral difference method for unstructured grids I：Basic formulation[J]. Journal of Computational Physics，2006，216(2)：780-801.

[69] WANG Z J，LIU Y，MAY G，et al. Spectral difference method for unstructured grids II：Extension to the Euler equations[J]. Journal of Scientific Computing，2007，32(1)：45-71.

[70] VAN DEN ABEELE K，LACOR C，WANG Z J. On the stability and accuracy of the spectral difference method[J]. Journal of Scientific Computing，2008，37(2)：162-188.

[71] BASSI F，BOTTI L，COLOMBO A，et al. Very high-order accurate discontinuous Galerkin computation of transonic turbulent flows on aeronautical configurations[M]// ADIGMA-A European initiative on the development of adaptive higher-order variational msethods for aerospace applications. Berlin：Springer Berlin Heidelberg，2010：25-38.

[72] WALLRAFF M，HARTMANN R，LEICHT T. Multigrid solver algorithms for DG methods and applications to aerodynamic flows[M]//IDIHOM：Industrialization of high-order methods-A top-down approach. Basel：Springer International Publishing AG Switzerland，2015，128：153-178.

[73] DE WIART C C，HILLEWAERT K. Development and validation of a massively parallel high-order solver for DNS and LES of industrial flows[M]//IDIHOM：Industrialization of high-order methods-A top-down approach. Basel：Springer International Publishing AG Switzerland，2015：251-292.

[74] VERMEIRE B C，VINCENT P E. On the properties of energy stable flux reconstruction schemes for implicit large eddy simulation[J]. Journal of Computational Physics，2016，327：368-388.

[75] LUO H，LUO L，NOURGALIEV R，et al. A reconstructed discontinuous Galerkin method for the compressible Navier-Stokes equations on arbitrary grids[J]. Journal of Computational Physics，2010，229(19)：6961-6978.

[76] LUO H，XIA Y，SPIEGEL S，et al. A reconstructed discontinuous Galerkin method based on a Hierarchical WENO reconstruction for compressible flows on tetrahedral grids[J]. Journal of Computational Physics，2013，236：477-492.

[77] ZHANG L，LIU W，HE L，et al. A class of hybrid DG/FV methods for conservation laws I：Basic formulation and one-dimensional systems[J]. Journal of Computational Physics，2012，231(4)：1081-1103.

[78] ZHANG L, LIU W, HE L, et al. A class of hybrid DG/FV methods for conservation laws II: Two-dimensional cases[J]. Journal of Computational Physics, 2012, 231(4): 1104-1120.

[79] LIU X, LUO H. Development and assessment of a reconstructed discontinuous Galerkin method for the compressible turbulent flows on hybrid grids[C]//54th AIAA Aerospace Sciences Meeting. San Diego: AIAA, 2016: 1359.

[80] LI M, LIU W, ZHANG L, et al. Applications of High Order Hybrid DG/FV Schemes for Two-dimensional RANS Simulations[J]. Procedia Engineering, 2015, 126: 628-632.

[81] PANDARE A K, LUO H. A hybrid reconstructed discontinuous Galerkin and continuous Galerkin finite element method for incompressible flows on unstructured grids[J]. Journal of Computational Physics, 2016, 322: 491-510.

[82] NOURGALIEV R, LUO H, WESTON B, et al. Fully-implicit orthogonal reconstructed Discontinuous Galerkin method for fluid dynamics with phase change[J]. Journal of Computational Physics, 2016, 305: 964-996.

[83] WANG Z J. Spectral (finite) volume method for conservation laws on unstructured grids. basic formulation: Basic formulation[J]. Journal of Computational Physics, 2002, 178(1): 210-251.

[84] SUN Y, WANG Z J, LIU Y. Spectral (finite) volume method for conservation laws on unstructured grids VI: Extension to viscous flow[J]. Journal of Computational Physics, 2006, 215(1): 41-58.

[85] VAN DEN ABEELE K, LACOR C. An accuracy and stability study of the 2D spectral volume method[J]. Journal of Computational Physics, 2007, 226(1): 1007-1026.

[86] ZHU J, QIU J. Hermite WENO schemes and their application as limiters for Runge-Kutta discontinuous Galerkin method, III: Unstructured meshes[J]. Journal of Scientific Computing, 2009, 39(2): 293-321.

[87] YANG M, WANG Z J. A parameter-free generalized moment limiter for high-order methods on unstructured grids[C]//47th AIAA Aerospace Sciences Meeting Including the New Horizons Forum and Aerospace Exposition. Orlando: AIAA, 2009: 605.

[88] PARK J S, KIM C. Higher-order multi-dimensional limiting strategy for discontinuous Galerkin methods in compressible inviscid and viscous flows[J]. Computers & Fluids, 2014, 96: 377-396.

[89] PARK J S, KIM C. Hierarchical multi-dimensional limiting strategy for correction procedure via reconstruction[J]. Journal of Computational Physics, 2016, 308: 57-80.

[90] QIU J, SHU C W. Hermite WENO schemes and their application as limiters for

Runge-Kutta discontinuous Galerkin method II: Two dimensional case[J]. Computers & Fluids, 2005, 34(6): 642-663.

[91] PERSSON P O, PERAIRE J. Sub-cell shock capturing for discontinuous Galerkin methods[C]//44th AIAA Aerospace Sciences Meeting and Exhibit. Reno: AIAA, 2006: 112.

[92] BARTER G E, DARMOFAL D L. Shock capturing with PDE-based artificial viscosity for DGFEM: Part I. Formulation[J]. Journal of Computational Physics, 2010, 229(5): 1810-1827.

[93] LV Y, SEE Y C, IHME M. An entropy-residual shock detector for solving conservation laws using high-order discontinuous Galerkin methods[J]. Journal of Computational Physics, 2016, 322: 448-472.

[94] CHEN R F, WANG Z J. Fast, block lower-upper symmetric Gauss-Seidel scheme for arbitrary grids[J]. AIAA Journal, 2000, 38(12): 2238-2245.

[95] BASSI F, REBAY S. GMRES discontinuous Galerkin solution of the compressible Navier-Stokes equations[M]//Discontinuous Galerkin methods. Berlin: Springer Berlin Heidelberg, 2000: 197-208.

[96] BASSI F, REBAY S. High-order accurate discontinuous finite element solution of the 2D Euler equations[J]. Journal of Computational Physics, 1997, 138(2): 251-285.

[97] GEUZAINE C, REMACLE J F. Gmsh: A 3-D finite element mesh generator with built-in pre-and post-processing facilities[J]. International Journal for Numerical Methods in Engineering, 2009, 79(11): 1309-1331.

[98] KRIVODONOVA L, BERGER M. High-order accurate implementation of solid wall boundary conditions in curved geometries[J]. Journal of Computational Physics, 2006, 211(2): 492-512.

[99] IMS J, DUAN Z, WANG Z J. meshCurve: An automated low-order to high-order mesh generator[C]//22nd Computational Fluid Dynamics conference. Dallas: AIAA, 2015: 2293.

[100] ZIENKIEWICZ OC, TAYLOR RL, NITHIARASU P, et al. The finite element method[M]. London: McGraw-hill, 1977.

[101] 王勖成. 有限单元法[M]. 北京:清华大学出版社, 2003.

[102] LUO H, BAUM J D, LÖHNER R. A discontinuous Galerkin method based on a Taylor basis for the compressible flows on arbitrary grids[J]. Journal of Computational Physics, 2008, 227(20): 8875-8893.

[103] BLAZEK J. Computational fluid dynamics: Principles and applications[M]. Oxford: Butterworth-Heinemann, 2015.

[104] ROE P L. Approximate Riemann solvers, parameter vectors, and difference schemes[J]. Journal of Computational Physics, 1981, 43(2): 357-372.

[105] ROE P L, PIKE J. Efficient construction and utilisation of approximate Riemann solutions[C]//Proc. of the Sixth Int'l. Symposium on Computing Methods in Applied Sciences and Engineering, VI. Amsterdam: North-Holland Publishing Co., 1985: 499-518.

[106] SANDERS R, MORANO E, DRUGUET M C. Multidimensional dissipation for upwind schemes: stability and applications to gas dynamics[J]. Journal of Computational Physics, 1998, 145(2): 511-537.

[107] GASSNER G, LÖRCHER F, MUNZ C D. A discontinuous Galerkin scheme based on a space-time expansion II. Viscous flow equations in multi dimensions [J]. Journal of Scientific Computing, 2008, 34(3): 260-286.

[108] NISHIKAWA H. Beyond interface gradient: A general principle for constructing diffusion schemes [C]//40th Fluid Dynamics Conference and Exhibit. Chicago: AIAA, 2010: 5093.

[109] JALALI A, SHARBATDAR M, OLLIVIER-GOOCH C. Accuracy analysis of unstructured finite volume discretization schemes for diffusive fluxes [J]. Computers & Fluids, 2014, 101: 220-232.

[110] MENGALDO G, DE GRAZIA D, WITHERDEN F, et al. A guide to the implementation of boundary conditions in compact high-order methods for compressible aerodynamics [C]//7th AIAA Theoretical Fluid Mechanics Conference. Atlanta: AIAA, 2014: 2923.

[111] SHU C W, OSHER S. Efficient implementation of essentially non-oscillatory shock-capturing schemes[J]. Journal of Computational Physics, 1988, 77(2): 439-471.

[112] JAMESON A, SCHMIDT W, TURKEL E. Numerical solution of the Euler equations by finite volume methods using Runge Kutta time stepping schemes [C]//14th Fluid and Plasma Dynamics Conference. Palo Alto: AIAA, 1981: 1259.

[113] FERRACINA L, SPIJKER M N. Strong stability of singly-diagonally-implicit Runge-Kutta methods[J]. Applied Numerical Mathematics, 2008, 58(11): 1675-1686.

[114] BATISTA M. A cycJlic block-tridiagonal solver[J]. Advances in Engineering Software, 2006, 37(2): 69-74.

[115] LELE S K. Compact finite difference schemes with spectral-like resolution[J]. Journal of Computational Physics, 1992, 103(1): 16-42.

[116] GUSTAFSSON B. The convergence rate for difference approximations to mixed initial boundary value problems[J]. Mathematics of Computation, 1975, 29 (130): 396-406.

[117] ZHONG X. Additive semi-implicit Runge-Kutta methods for computing high-

speed nonequilibrium reactive flows[J]. Journal of Computational Physics, 1996, 128(1): 19-31.

[118] MARTÍN M P, CANDLER G V. A parallel implicit method for the direct numerical simulation of wall-bounded compressible turbulence[J]. Journal of Computational Physics, 2006, 215(1): 153-171.

[119] SUN Z S, REN Y X, LARRICQ C, et al. A class of finite difference schemes with low dispersion and controllable dissipation for DNS of compressible turbulence[J]. Journal of Computational Physics, 2011, 230(12): 4616-4635.

[120] WOODWARD P, COLELLA P. The numerical simulation of two-dimensional fluid flow with strong shocks[J]. Journal of Computational Physics, 1984, 54(1): 115-173.

[121] JIANG G S, SHU C W. Efficient implementation of weighted ENO schemes[J]. Journal of Computational Physics, 1996, 126(1): 202-228.

[122] LUO H, BAUM J D, LÖHNER R. A Hermite WENO-based limiter for discontinuous Galerkin method on unstructured grids[J]. Journal of Computational Physics, 2007, 225(1): 686-713.

[123] SUN Z, INABA S, XIAO F. Boundary variation diminishing (BVD) reconstruction: A new approach to improve Godunov schemes[J]. Journal of Computational Physics, 2016, 322: 309-325.

[124] HAIDER F, CROISILLE J P, COURBET B. Stability analysis of the cell centered finite-volume MUSCL method on unstructured grids[J]. Numerische Mathematik, 2009, 113(4): 555-600.

[125] HACKBUSCH W. Iterative solution of large sparse systems of equations[M]. New York: Springer-Verlag, 1994.

[126] YEE H C, SANDHAM N D, DJOMEHRI M J. Low-dissipative high-order shock-capturing methods using characteristic-based filters[J]. Journal of Computational Physics, 1999, 150(1): 199-238.

[127] DARU V, TENAUD C. Evaluation of TVD high resolution schemes for unsteady viscous shocked flows[J]. Computers & Fluids, 2000, 30(1): 89-113.

[128] DUMBSER M, ZANOTTI O, LOUBÈRE R, et al. A posteriori subcell limiting of the discontinuous Galerkin finite element method for hyperbolic conservation laws[J]. Journal of Computational Physics, 2014, 278: 47-75.

[129] KARYPIS G, KUMAR V. Parallel multilevel series k-way partitioning scheme for irregular graphs[J]. Siam Review, 1999, 41(2): 278-300.

[130] TUCKER P G. Differential equation-based wall distance computation for DES and RANS[J]. Journal of Computational Physics, 2003, 190(1): 229-248.

[131] TUCKER P G, RUMSEY C L, SPALART P R, et al. Computations of wall

distances based on differential equations[J]. AIAA Journal, 2005, 43(3): 539-549.

[132] POIRIER D, ALLMARAS S, MCCARTHY D, et al. The CGNS system[C]//29th, Fluid Dynamics Conference. Albuquerque: AIAA, 1998: 3007.

[133] TANEDA S. Experimental investigation of the wakes behind cylinders and plates at low Reynolds numbers[J]. Journal of the Physical Society of Japan, 1956, 11(3): 302-307.

[134] HAGA T, GAO H, WANG Z J. A high-order unifying discontinuous formulation for 3-D mixed grids[C]//48th AIAA Aerospace Sciences Meeting Including the New Horizons Forum and Aerospace Exposition. Orlando: AIAA, 2010: 540.

[135] CHENG J, LIU X, LIU T, et al. A Parallel, High-order direct discontinuous Galerkin method for the Navier-Stokes equations on 3D hybrid grids[J]. Communications in Computational Physics, 2017, 21(5): 1231-1257.

[136] CASTONGUAY P. High-order energy stable flux reconstruction schemes for fluid flow simulations on unstructured grids[D]. San Francisco: Stanford University, 2012.

[137] LEICHT T, HARTMANN R. Error estimation and anisotropic mesh refinement for 3d laminar aerodynamic flow simulations[J]. Journal of Computational Physics, 2010, 229(19): 7344-7360.

[138] NASA LANGLEY RESEARCH CENTER. Turbulence modeling resource[EB/OL]. [2017-03-01]. https://turbmodels. larc. nasa. gov.

[139] SPALART P R A, ALLMARAS S. A one-equation turbulence model for aerodynamic flows[C]//30th Aerospace Sciences Meeting and Exhibit. Reno: AIAA, 1992: 439.

在学期间发表的学术论文

[1] **WANG Q**, REN Y X, LI W. Compact high order finite volume method on unstructured grids I: Basic formulations and one-dimensional schemes[J]. Journal of Computational Physics, 2016, 314: 863-882.

[2] **WANG Q**, REN Y X, LI W. Compact high order finite volume method on unstructured grids II: Extension to two-dimensional Euler equations[J]. Journal of Computational Physics, 2016, 314: 883-908.

[3] **WANG Q**, REN Y X, PAN J, et al. Compact high order finite volume method on unstructured grids III: Variational reconstruction[J]. Journal of Computational Physics, 2017, 337: 1-26.

[4] **WANG Q**, REN Y X, LI W. A compact high order finite volume method for hyperbolic conservation laws on unstructured grids [C]//. 22nd AIAA Computational Fluid Dynamics Conference, Dallas, 2015: 3193.

[5] **WANG Q**, REN Y X, LI W. A compact and implicit high-order finite volume method for hyperbolic conservation laws on unstructured grids [C]//. 8th International Conference on Computational Fluid Dynamics (ICCFD8), Chengdu, 2014.

[6] **WANG Q**, REN Y X, LI W. Compact high-order finite volume method for the compressible Navier-Stokes equations on unstructured grids[C]//. The 12th World Congress on Computational Mechanics (WCCM XII), Seoul, 2016.

[7] **王乾**,任玉新,李万爱. 非结构网格紧致型高精度有限体积方法[C]//. 中国力学大会,上海,2015.

致　　谢

本书呈现的所有研究成果都是我在清华大学航天航空学院攻读博士学位期间完成的。读博的五年时光里，有很多人给予了我很大的帮助。适逢成书之际，谨在此致以衷心的谢意。

首先感谢我的导师任玉新教授。任老师为我在学术上的成长倾注了很多心血。无论是专业课程学习，还是博士课题研究，任老师都为我做了很清晰的规划。我的博士课题研究不是一帆风顺的。在解决问题的过程中，任老师始终对我认真指导，教我如何分析问题、借鉴已有研究成果，以及尝试不同的解决方案。我常常折服于任老师对专业知识的透彻理解，对关键问题的分析能力，以及解决新问题时的广阔思路。

任老师在生活上也给予了我很多的关怀和帮助。他为人谦和、平易近人，与他的相处总是感觉如沐春风。读博期间，课题的压力和对未来的焦虑，时而困扰着我。但这种时候，我总是可以得到任老师的耐心开导，他将自己的看法与我分享，并设身处地地为我着想。有师若此，何等幸运！恩师之教，无以为报，惟有铭记教诲、奋发图强，以求不负恩师厚望。

感谢我的师兄李万爱博士。师兄在读博期间的研究，为实验室的非结构网格数值方法的研究打下了坚实的基础，并给予了我很多指导，与他的交流总是非常愉快。

感谢清华大学的诸位授课老师对我的教导。在此特别感谢彭杰、李启兵、黄伟希三位老师。几位老师亦师亦友，教授我专业知识，并在课题研究和求职等方面给予了很大的帮助。感谢答辩委员会主席吴子牛老师，对本书的研究工作提出了很好的建议。感谢许春晓老师审核了我的博士学位论文格式。

感谢美国北卡罗来纳州立大学的罗宏教授。罗宏教授给我提供了GMRES子程序，并在算法方面给予了我很多指导和建议。感谢美国堪萨斯大学的王志坚教授，他在多次的会面讨论中给予我技术上的指导，并分享了对很多前沿问题的理解。

感谢计算流体力学实验室的诸位师兄、师姐和师弟。是你们的陪伴，让我读博的岁月充满了欢乐。感谢谭廉华、孙振生、王秋菊、郭晨曦、姜新建、张伊哲、李星辉、张英丽、潘建华等师兄师姐对我的指导和帮助，让我能够顺利地开展课题研究。感谢与我同级的黄文锋和张宏杰给我带来的欢乐时光。感谢陈翔、曾卫刚、章雨思等师弟给我的帮助，祝愿你们学业和生活顺利。感谢清华大学流体力学研究所秘书孙雰云女士，在处理实验室财务事务上给予的帮助。

感谢我的妻子王雁女士，谢谢你这些年来对我的爱和支持。是你陪我度过了科研艰难的岁月，给我以鼓励，给那段时光增添了很多色彩；是你给了我最大的支持，给我以前行的勇气。我们在清华和人大校园里相处的点点滴滴，都是我青春岁月里最美好的记忆。惟愿天长地久，一生有你。

感谢父母对我的养育之恩。你们对我无条件的信任，让我自由地成长，给予了我最温暖的关怀。作为你们的孩子，我无比自豪。感谢岳父母对我的关心、爱护和支持。感谢弟弟对我的大力支持。感谢亲人们，尤其是我的外祖母，长期以来对我的关爱。感谢我的姑姑在读博期间对我的照顾和关怀。

本课题承蒙国家自然科学基金 U1430235，11172153 和 11672160 资助，特此致谢。

谨以此书献给我的家人！

王　乾

清华大学　航天航空学院

2019 年 7 月 1 日